W0398273

Gerda Dirx

Kleine Puppen selber machen

Gerda Dirx

Kleine Puppen selber machen

Für die Puppenstube
Zur Dekoration · Als Geschenk
Mit Vorlagen in Originalgröße

Augustus Verlag

Inhalt

WZ
VESTDEUTSCHE ZEITUNG
Europaweite Razzia gegen Computermafia
BSE: Viele Tote befürchtet
IG Metall steuert auf

Vorwort

Als ich meinen beiden Töchtern vor einigen Jahren ein Puppenhaus zu Weihnachten aussuchte, fand ich in den Spielwarengeschäften keine Puppenstubenpuppen, die mir gefielen. Da ich seit 16 Jahren kleine und große Spielpuppen aus Trikotstoff für Kinder selber herstelle, kam mir deshalb die Idee, auch für die Puppenstube kleine Puppen zu entwerfen.

Puppen für die Puppenstube sind im Spielwarengeschäft meist ziemlich teuer. Die hier vorgestellten Puppen können Sie dagegen für wenig Geld anfertigen, beispielsweise aus Stoffresten, die Sie schon zu Hause haben. Durch verschiedene Frisuren aus unterschiedlichen Materialien und Farben und durch individuelle Bemalung lassen sich verschiedene Personen darstellen, so daß eine richtige Großfamilie gebastelt werden kann, deren Mitglieder vielleicht sogar Züge der eigenen Familie tragen. Die Puppen lassen sich zudem in beliebiger Größe herstellen, je nach Größe der Puppenstube oder des Puppenhauses.

In diesem Buch möchte ich Ihnen aber nicht nur Puppenstubenpuppen, sondern auch einige kleine Geschenk-Ideen vorstellen, die schnell und einfach anzufertigen sind.

Es gibt viele Gelegenheiten, zu denen man einem lieben Menschen mit einer selbstgemachten Puppe eine Freude bereiten kann. Ein Püppchen im Mond, ein Rasselpüppchen, eine Kinderwagenkette oder eine Puppe mit Spieluhr sind zum Beispiel zur Geburt eines Kindes ein hübsches Mitbringsel, das nicht nur der Mutter gefallen wird.

Ich hoffe, das Nachbasteln bereitet Ihnen ebensoviel Spaß wie mir das Erarbeiten der Bastelvorlagen. Sollten Sie bei der Materialbeschaffung Probleme haben, können Sie sich mit Ihren Fragen gerne an mich wenden (siehe Seite 64).

Ihre Gerda Dirx

Material und Werkzeug

Grundmaterial

- Wattevlies – beidseitig verfestigt, 3 cm stark , 15 cm breit – alternativ läßt sich auch Schafwollvlies verwenden
- Füllwatte, feine Qualität, auch hier kann alternativ mit Schafwolle gearbeitet werden
- Granulat
- Schlauchverband, fest gestrickte, naturfarbene, ungebleichte Ware, in den Breiten 1,5 cm, 2,5 cm und 3 cm
- Reißfestes Abbindegarn
- Reißfestes, hautfarbenes Handnähgarn
- Hautfarbener Trikotstoff: leichte, dehnbare Qualität für das Gesicht und die Trikotkugelhände der kleinen Nickipuppen; schwere, feste Qualität für den Körper
- Stoffmalfarben in den Tönen Braun, Blau, Schwarz, Rot und ein gut deckendes Weiß

Für das Grundgerüst

- Figurendraht aus Sisal, Ø 6 mm, mit eingearbeitetem, 1,4 mm starkem Draht
- Chenilledraht, Ø 4 mm, weiß

Für die Bekleidung

- Baumwollstoffe
- Uni- und gestreifte Nickistoffe
- farblich passendes Nähgarn

Für die Frisuren

- Mohairwolle
- Lockenwolle
- Webplüsch aus synthetischem Material oder Mohairwebplüsch
- Lockenfell

Arbeitsmaterial und Werkzeug

- Metermaß
- Nähnadel
- Sticknadel mit dickem Öhr
- Stecknadeln mit Metall- und Glaskopf
- Stoffschere
- Drahtschere oder -zange zum Durchtrennen des Sisaldrahtes
- Flachzange zum Umbiegen des Sisaldrahtes
- Bleistift
- Transparentpapier zum Durchpausen der Schnittmuster
- dünne Pappe für die Schnittmuster
- Papierschere

- Phantomstift oder Schneiderkreide, die auch auf dunklem Stoff sichtbar sind
- Klebstoff
- Nähmaschine (Damit nähen Sie schneller und sauberer, bei diesen kleinen Teilen kommen Sie aber auch mit Handstichen aus.)

Spezielle Materialien und Verzierungen

- Spieluhr, Musikmodul, Rasseldosen
- Anstecknadeln mit Sicherheitsverschluß (zum Aufnähen)
- Haarspangen
- Satinbänder oder Baumwollbänder
- unterschiedlich breite Baumwollspitzen
- Schellen
- Glocken
- Puppengummilitze, 3 bis 4 mm breit
- Holzperlen, Ø 0,5 und 1,5 cm
- Blumendraht zum Anfertigen einer Minibrille
- Engelsflügel oder Goldfolie
- Minipuppenknöpfe

Mengen- und Maßangaben, die für die Herstellung der Puppen wichtig sind, entnehmen Sie nachfolgender Tabelle.

Zum Füllmaterial mache ich keine genaue Mengenangabe, da es sich um winzige Mengen handelt, die kaum zu wiegen sind. Sie benötigen jedoch für keine Puppe mehr als 20 g Füllmaterial. Ebenso entfällt die Mengenangabe für die Frisuren. Hier reichen schon weniger als 10 g Wolle oder ein Webplüschrest von 3 x 15 cm aus, um eine komplette Frisur herzustellen.

Puppenart Beschreibung siehe	Größe der Puppe cm	Wattevlieseinteilung	Schlauchverband für den Puppenkopf Länge / Breite cm	Schlauchverband für Arme und Beine Anzahl Lä. / Br. 1,5 cm	Trikotstoff für den Puppenkörper Angaben in cm Höhe x Breite	Trikotstoff für den Kopf Angaben in cm Höhe x Breite	Sisaldraht Arme cm	 Beine cm	 Rumpf cm
Puppen-stubenpuppe S. 10	10	18 cm Wattevlies A Kopfrolle Umfang 8,5 cm – 2,5 cm B 2 Halsstreifen – 2,5 cm C Bauchrolle – 3 cm D um die Arme wickeln – 1 cm E um die Arme wickeln – 1 cm F um die Beine wickeln – 1 cm G um die Beine wickeln – 1 cm	24/2,5	4 Stck 6	9 x 20	9 x 9	55 Chenilledraht		
Puppen-stubenpuppe S. 10	13	20 cm Wattevlies A Kopfrolle Umfang 9 cm – 3 cm B 2 Halsstreifen – 3 cm C Bauchrolle – 3,5 cm D um die Arme wickeln – 1 cm E um die Arme wickeln – 1 cm F um die Beine wickeln – 1 cm G um die Beine wickeln – 1 cm	26/2,5	4 Stck 7	12 x 26	10 x 10	9,5	10,5	13
Puppen-stubenpuppe S. 10	15	25 cm Wattevlies A Kopfrolle Umfang 11 cm – 3 cm B 2 Halsstreifen – 3 cm C Bauchrolle – 4 cm D um die Arme wickeln – 1 cm E um die Arme wickeln – 1 cm F um die Beine wickeln – 1 cm G um die Beine wickeln – 1 cm	28/2,5	4 Stck 8	14 x 32	11 x 11	12,5	13,5	17
Puppen-stubenpuppe S. 10	18	30 cm Wattevlies A Kopfrolle Umfang 13 cm – 3,5 cm B 2 Halsstreifen – 3,5 cm C Bauchrolle – 4 cm D um die Arme wickeln – 1 cm E um die Arme wickeln – 1 cm F um die Beine wickeln – 1 cm G um die Beine wickeln – 1 cm	30/3	4 Stck 10	18 x 40	12 x 12	15,5	16,5	21

Puppenart Beschreibung siehe	Größe der Puppe cm	Wattevlieseinteilung	Schlauchverband für den Puppenkopf Länge / Breite cm	Trikotstoff für den Kopf Angaben in cm Höhe x Breite	Trikotstoff für die Hände und für die Füße Angaben in cm Höhe x Breite	Durchmesser der Hände cm	Stoffbedarf für die Bekleidung Anzug / Mütze Angaben in cm Höhe x Breite
Kuschelbaby S. 11, 37	5	10 cm Wattevlies A Kopfrolle Umfang 4 cm – 1 cm B 2 Halsstreifen – 1 cm C Bauchrolle – 2 cm	9 / 1,5	3 x 3	4 x 4	0,5	6 x 8 6 x 6
Kuschelbaby S. 11, 37	7	13 cm Wattevlies A Kopfrolle Umfang 6 cm – 2 cm B 2 Halsstreifen – 2 cm C Bauchrolle – 3 cm	13 / 1,5	5 x 5	5 x 5	0,7	9 x 14 9 x 9
Kuschelbaby S. 11, 37	9	18 cm Wattevlies A Kopfrolle Umfang 8 cm – 3 cm B 2 Halsstreifen – 3 cm C Bauchrolle – 4 cm	18 / 2,5	8 x 8	7 x 7	0,8	12 x 19 12 x 12
Kuschelbaby S. 11, 37	13	25 cm Wattevlies A Kopfrolle Umfang 11 cm – 4 cm B 2 Halsstreifen – 4 cm C Bauchrolle – 5 cm	25 / 2,5	10 x 10	9 x 9	1,0	15 x 24 / 15 x 15

Puppenart Beschreibung siehe	Größe der Puppe cm	Wattevlieseinteilung	Schlauchverband für den Puppenkopf Länge / Breite cm	Trikotstoff für den Kopf Angab. in cm Höhe x Breite	Trikotstoff für die Hände Angab. in cm Höhe x Breite	Durchmesser der Hände cm	Stoffbedarf für die Bekleidung Angab. in cm Höhe x Breite	Sonstiges Material
Schlenkerpuppen (Mobile) S. 42	16	30 cm Wattevlies A Kopfrolle Umfang 13 cm — 5 cm B 2 Halsstreifen — 5 cm C Bauchrolle — 5 cm	28 / 3	11 x 11	9 x 9	1,1	40 x 35 Baumwoll- o. Nicki	2 m Satinband 25 cm Zierspitze Hut Ø 6 cm
Mini-Clown S. 45	20	35 cm Wattevlies A Rolle Umfang 15 cm — 5 cm B 2 Halsstreifen — 5 cm C Bauchrolle — 5 cm	30 / 3	12 x 12	10 x 10	1,2	18 x 90 Baumwollst. 6 x 20 Nicki	1 m Zierspitze 1 Hut Ø 6 cm 20 cm Satinband
Spieluhr S. 50	20	35 cm Wattevlies A Rolle Umfang 15 cm — 5 cm B 2 Halsstreifen — 5 cm	15 / 3	12 x 12			25 x 60 Streifennicki	0,6 m Satinband
Spieluhr S. 50	14	25 cm Wattevlies A Kopfrolle Umfang 11 cm — 4 cm B 2 Halsstreifen — 4 cm	15 / 2,5	10 x 10			15 x 44 Streifennicki	1m Satinband
Rasselpuppen und Zwerge S. 52	14	25 cm Wattevlies A Kopfrolle Umfang 11 cm — 4 cm B 2 Halsstreifen — 4 cm 15 cm — Rest	25 / 2,5	10 x 10	9 x 9	1,0	24 x 30 Nicki	25 cm Zierspitze Rasseldose
Kinderwagenkette S. 52	9	16 cm Wattevlies A Umfang 7 cm — 2 cm B 2 Halsstreifen — 2 cm	9 / 1,5	8 x 8			17 x 70 Nicki	8 Holzperl. Ø 1,5 cm 3 Schellen Ø 1 cm 16 cm Satinband
Rosetten-Broschen S. 53	5 Ø	12 cm Wattevlies A Umfang 5,5 cm — 1,5 cm B 2 Halsstreifen — 1,5 cm	8 / 1,5	6 x 6			12 x 20 Baumwollst.	Broschennadel 15 cm Zierspitze
Duftmännlein S. 54	7	20 cm Wattevlies A Umfang 9 cm — 2,5 cm B 2 Halsstreifen — 2,5 cm	10 / 2,5	8 x 8			14 x 14 Baumwollst. 7 x 10 Nicki	Getr. Blütenblätter, 20 cm Zierspitze
Haarschmuck S. 54	8 Ø	16 cm Wattevlies A Umfang 7 cm — 2 cm B 2 Halsstreifen — 2 cm	9 / 1,5	8 x 8			16 x 25 Nicki	Haarspange 30 cm Zierspitze Schelle Ø 6 mm
Fingerpuppen S. 56	8	16 cm Wattevlies A Umfang 7 cm — 2 cm B 2 Halsstreifen — 2 cm	9 / 1,5	8 x 8			11 x 26 Nicki	Satinband, Zierspitze Schelle Ø 6 mm
Broschen-Männlein S. 57	8	16 cm Wattevlies A Umfang 7 cm — 2 cm B 2 Halsstreifen — 2 cm	9 / 1,5	8 x 8	6 x 6	0,5	16 x 7,5 Baumwollst. 7 x 7 Nicki	Broschennadel, 15 cm Zierspitze
Nikolaus S. 59	20	35 cm Wattevlies A Rolle Umfang 15 cm — 5 cm B 2 Halsstreifen — 5 cm	15 / 3	12 x 12	10 x 10	1,2	21 x 36 roter Nicki	weißer Pompon Ø 1,5 cm Glocke 3 cm groß
Nikolaus S. 59	14	25 cm Wattevlies A Kopfrolle Umfang 11 cm — 4 cm B 2 Halsstreifen — 4 cm	15 / 2,5	10 x 10	9 x 9	1,0	16 x 36 roter Nicki	weißer Pompon Ø 1 cm
Glockenengel S. 62	7	13 cm Wattevlies A Rolle Umfang 6 cm — 2,5 cm B 2 Halsstreifen — 2,5 cm	8 / 1,5	7 x 7		0,5 Holzperlen	25 cm Sternchenspitze Breite 5 cm	14 cm Chenilledraht Glocke 3 cm groß 9 cm Brokatkordel Engelsflügel, 15 cm Zierspitze

Biegepüppchen für die Puppenstube – Grundbauweise

Mit Drahtgerüst

Wenn Sie so ein niedliches Püppchen herstellen möchten, entscheiden Sie zuerst, ob Sie das Innenleben der Puppe aus Sisaldraht, Chenilledraht oder feinem Klingeldraht anfertigen möchten.

Der im Sisalgeflecht eingearbeitete Draht ist extrem strapazierfähig. Das bedeutet, daß sich die Arme und Beine der Puppen immer wieder in andere Positionen biegen lassen, ohne daß der Draht bricht. Sie können damit Puppen ab 13 cm Größe herstellen.

Für kleinere, zierlichere Puppen ist Chenilledraht gut geeignet. Er sieht aus wie Pfeifenputzer, die durchgehend gleich dick sind. Der in den Chenilleplüsch eingearbeitete Draht ist ziemlich dünn und sehr biegsam, aber nicht so robust und strapazierfähig wie Sisaldraht.

Ohne Drahtgerüst

Sie können das Drahtgerüst aber auch ganz weglassen. Sie füllen den genähten Puppenkörper dann ganz oder teilweise mit Bastelwatte oder Granulat. Diese Puppen fühlen sich in der Hand angenehm griffig und geschmeidig an, da ihnen das starre Drahtgestell fehlt, sie lassen sich ohne einen Metallständer aber nicht hinstellen.

Die wattegefüllten Puppen bleiben nicht sitzen und fallen leicht nach hinten um. Da Kinder es lieben, die Arme und Beine der Puppen zu bewegen, sollten ihre Spielgefährten sowohl stehen als auch sitzen oder gelegentlich liegen können. Überlegen Sie deshalb gut, welche Puppe für Ihr Kind am besten geeignet ist.

Die Puppe, die nach folgender Anleitung entsteht, ist 13 cm groß.

Kopf

Übertragen Sie mit Hilfe eines Phantomstiftes das Schneideschema (s. Tabelle S. 8) auf das Wattevlies.

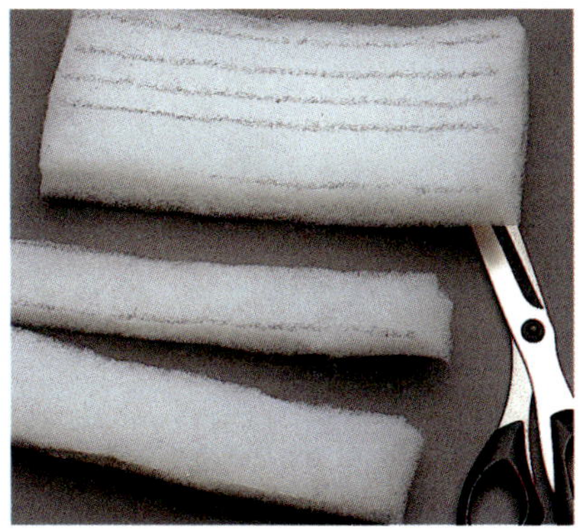

Schneiden Sie die Streifen A und B zu.

Aus dem Streifen A wickeln Sie eine Rolle – der Umfang beträgt 9 cm. Den Streifen B spalten Sie in zwei Teile auf und legen ihn über Kreuz mit der flauschigen Seite nach unten auf die Arbeitsunterlage.

Die Rolle stellen Sie hochkant in die Mitte des Wattekreuzes.

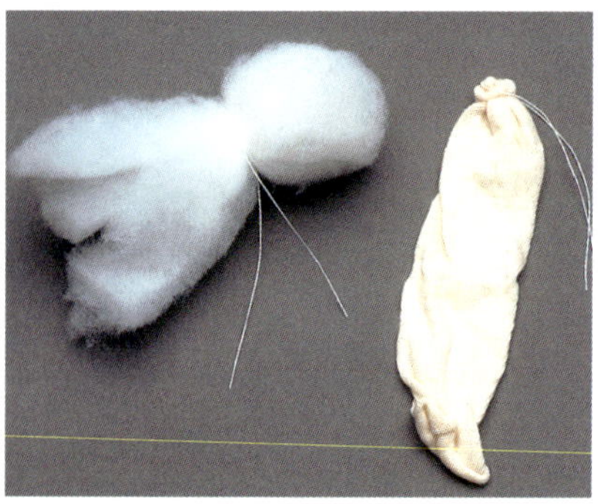

Die Vliesstreifen werden unter der Rolle zusammengefaßt und mit Garn abgebunden. Den Schlauchverband binden Sie an einem Ende zu.

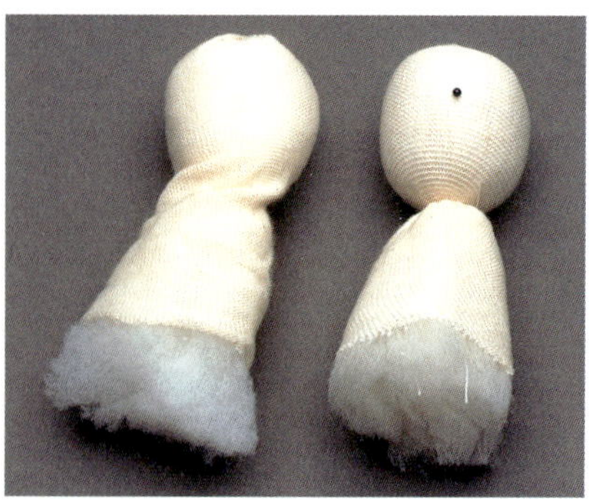

Wenden Sie den Schlauchverband, und ziehen Sie ihn stramm über die Kopfkugel, wobei sich das abgebundene Ende auf der Kopfmitte befindet. Unmittelbar unter der Kopfkugel binden Sie erneut ab. Formen Sie die Wattekugel rundum gleichmäßig, und streichen Sie dabei kleine Unebenheiten glatt, die sich unter dem Schlauchverband befinden. Wählen Sie die schönste Seite des Kopfes für das Gesicht aus. Eine Markierung mit einer Glaskopfstecknadel erleichtert Ihnen das Wiederfinden, wenn Sie jetzt die Wattekugel zum Abbinden aus der Hand legen müssen.

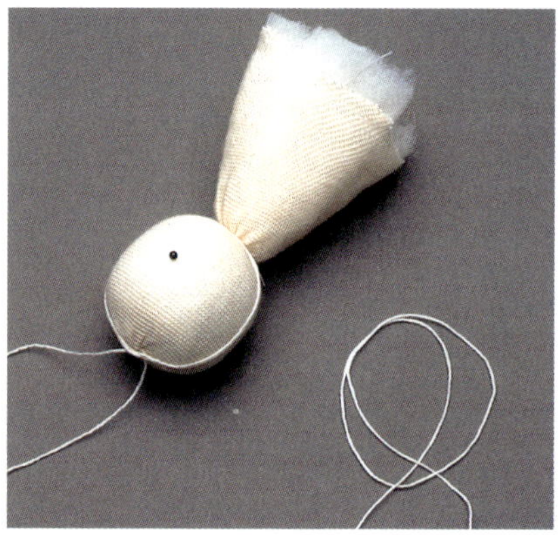

Schneiden Sie zwei 70 cm lange Fäden Abbindegarn zu, und legen Sie nach nebenstehendem Schema zwei Schlaufen (Abb. 1). Klappen Sie dann die Schlaufe

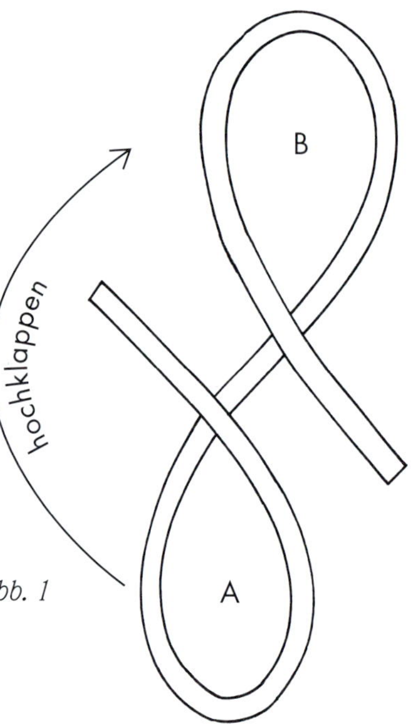

Abb. 1

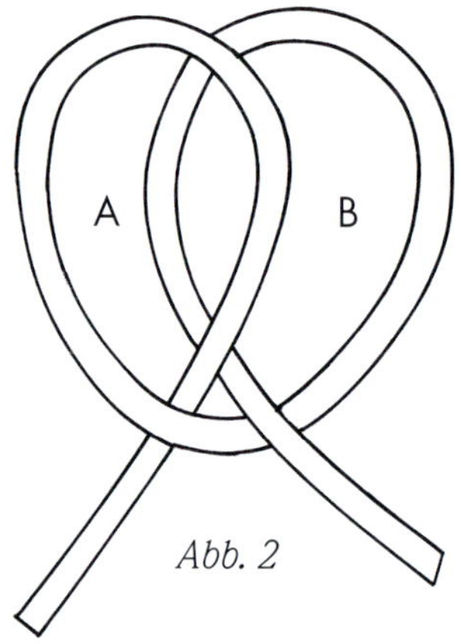

Abb. 2

A auf die Schlaufe B (Abb. 2). Dann nehmen Sie die zusammengelegten Schlaufen und legen sie von vorne über den Puppenkopf, wobei sich die Fadenenden oben auf der Kopfmitte befinden (Abb. 3).

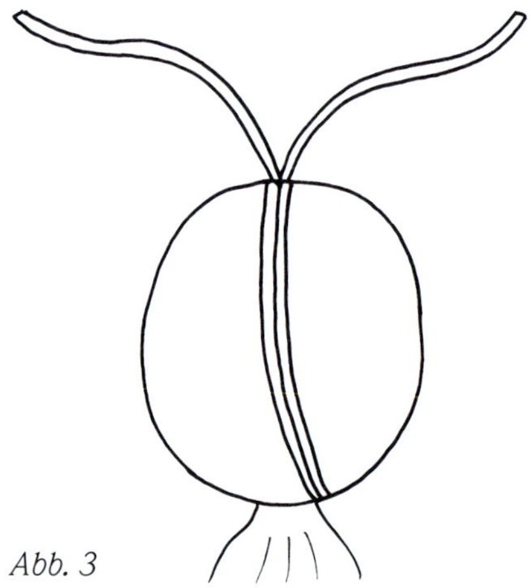

Abb. 3

Die Fadenenden werden jetzt stramm angezogen, so daß der Puppenkopf

deutlich kleiner wird. Die Fäden werden verknotet, und die Fadenenden werden einer links und einer rechts seitlich entlang der Einschnürlinie gelegt (siehe Foto Seite 12 unten rechts). Legen Sie eine zweite Schlinge, dieses Mal von oben, über den Puppenkopf. Die Fadenenden befinden sich am Hinterkopf und werden dort nur leicht angezogen. Schieben Sie die Abschnürlinie exakt auf die Mitte (Abb. 4).

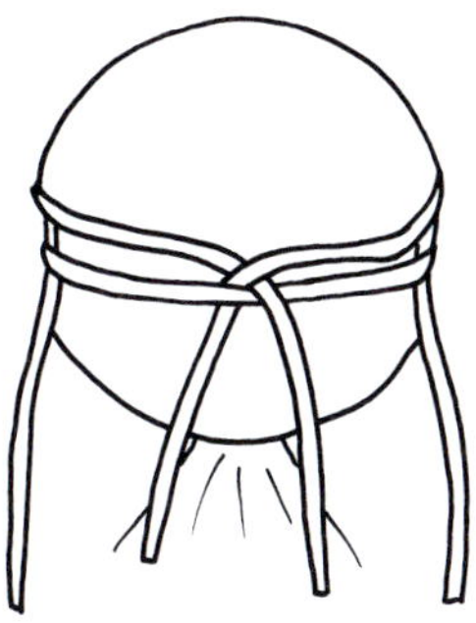

Abb. 4

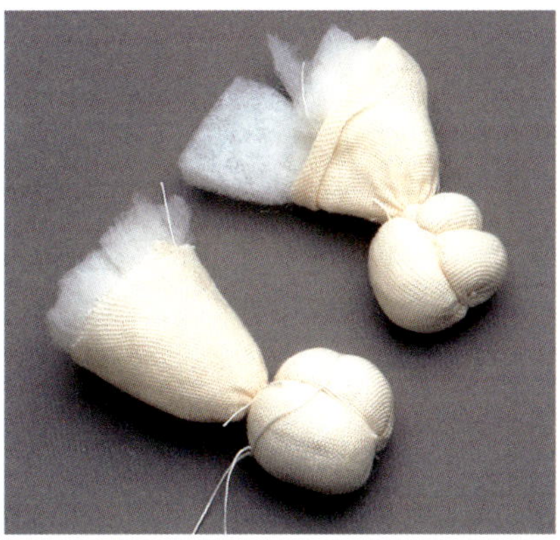

Nun nehmen Sie die seitlich herunterhängenden Fäden, führen sie nach oben zur Kopfmitte zurück, und verknoten die Fäden dort. Ziehen Sie beim Verknoten die Fäden nicht stramm, und achten Sie darauf, daß der waagerechte Abbindefaden nicht nach oben verrutscht. Am Hinterkopf wird der waagerechte Abbindefaden nach unten geschoben und im Nacken sehr fest

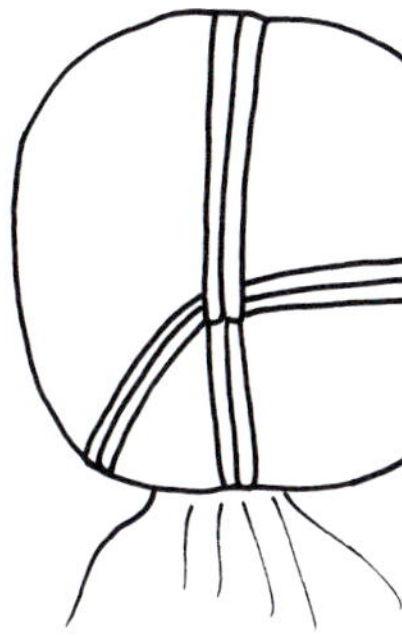

Abb. 5

angezogen. Dadurch entsteht im Gesicht die Augenlinie (Abb. 5). Nachdem nun erkennbar ist, welche Seite das Gesicht darstellen soll, kann die Markierungsnadel wieder entfernt werden.

Im Matratzenstich nähen Sie die Einschnürung über der Kopfmitte von Ohrpunkt zu Ohrpunkt zu.

Gesicht nähen

Schneiden Sie Trikotstoff nach Vorlage zu (siehe Abb. 6). Fassen Sie an den beiden mit * gekennzeichneten Ecken den Gesichtsbezug am Hinterkopf der Puppe zusammen. Der Trikotstoff muß stramm über das Gesicht gespannt sein. Die Maschen verlaufen senkrecht zum Gesicht. Überstehender Trikotstoff wird abgeschnitten. Nähen Sie die mit A gekennzeichneten Seiten ca. 2 cm in Richtung Hals im Matratzenstich gegeneinander (siehe Nadelmarkierung auf dem obenstehenden Foto). Auf der Kopfmitte nähen Sie jeweils die mit B und C gekennzeichneten Seiten zusammen.

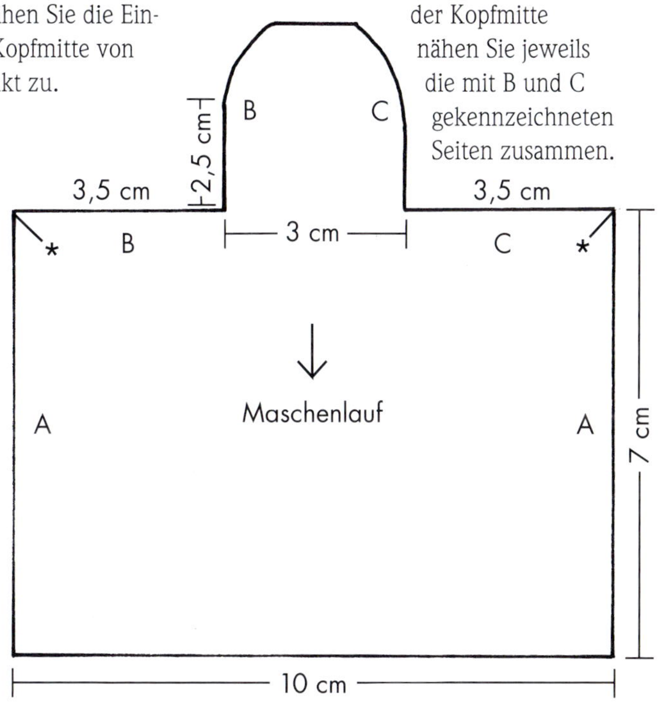

Abb. 6

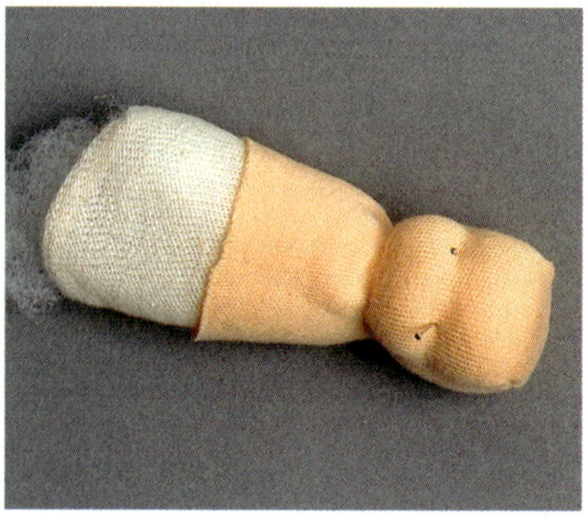

Mit Metallkopfstecknadeln markieren Sie die Stellen, an denen die Augen aufgemalt werden. Die Nadelmarkierungen müssen genau auf der Abschnürlinie gesteckt werden. Durch mehrfaches Ausprobieren finden Sie den richtigen Augenabstand heraus.

Fädeln Sie ca. 35 cm reißfestes Garn in eine Stopfnadel und ziehen einen Knoten in das Ende des Fadens. Nähen Sie den Faden an der rechten Seite (Ohrpunkt) des Puppenkopfes fest. Von der rechten Ohrseite aus stechen Sie die Nadel genau zur Stecknadelmarkierung. Entfernen Sie dann die Stecknadel und ziehen Sie die Nähnadel mit dem Faden heraus. Stechen Sie 1 mm links daneben wieder ein und zielen Sie zur zweiten Stecknadelmarkierung. Dort ziehen Sie die Nähnadel mit dem Faden heraus, stechen ebenfalls 1 mm links daneben wieder ein und weiter zum linken Ohrpunkt. Dort wird der Faden stramm angezogen und gut vernäht. Unter dem Kinn des Puppenkopfes schnüren Sie mit einem Abbindefaden den Hals ein.

Wenn Sie der Puppe Schlafaugen malen möchten, entfällt dieser Arbeitsschritt. Sie markieren dann lediglich den Augenmittelpunkt mit der Stecknadel und malen einen geschwungenen Lidbogen darunter.

Gesicht malen

Die Puppe erhält jetzt ihren endgültigen Gesichtsausdruck. Es empfiehlt sich, diesen Arbeitsgang zu diesem Zeitpunkt auszuführen. Falls Ihnen das aufgemalte Gesicht nicht gefällt, läßt sich der Gesichtsbezug leicht noch einmal erneuern. Andernfalls müßten Sie die komplette Puppe mit aufgenähten Haaren und geschlossenen Schulternähten auftrennen. Sie benötigen die Farben Braun, Blau und Grün für die Augen, Weiß für die Lichtpunkte, Rot für den Mund.

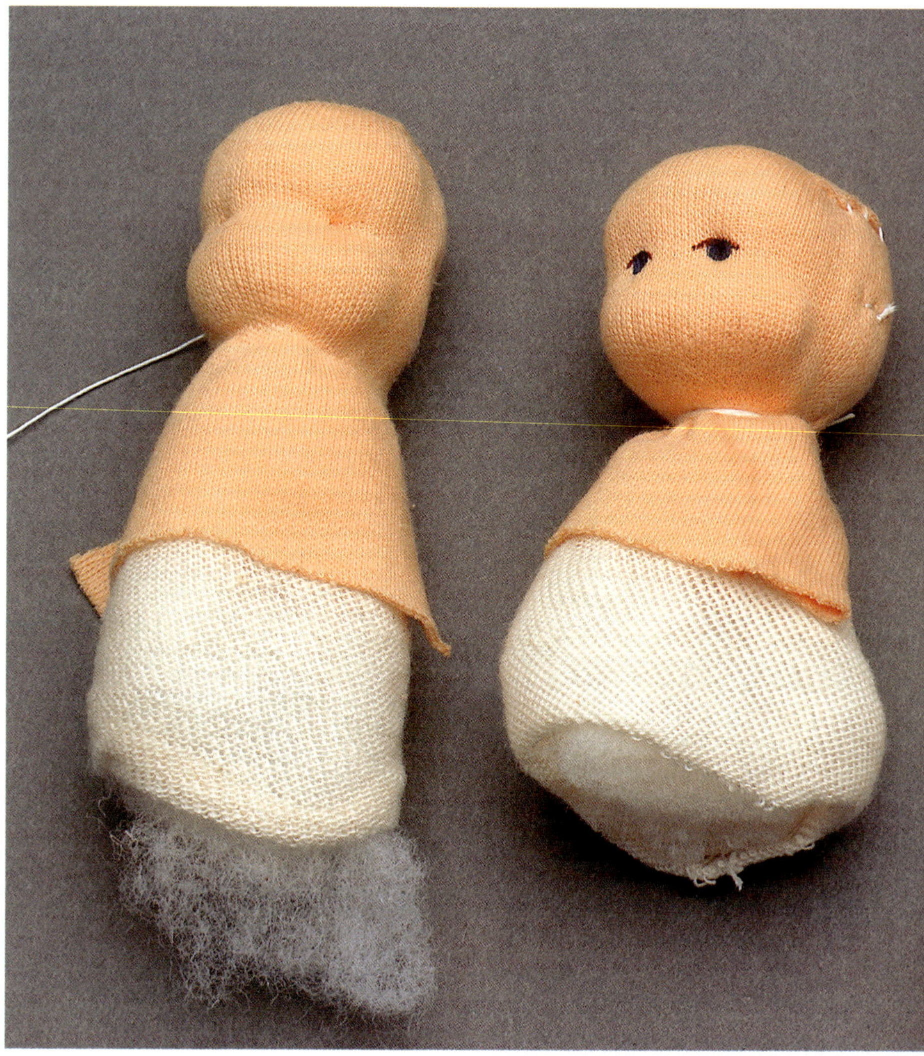

In den Augenhöhlen, die durch das Einziehen des Fadens entstanden sind, werden die Augen aufgemalt. Benutzen Sie für das Malen eine Stecknadel mit Metallkopf. Tauchen Sie den Stecknadelkopf kurz in die Farbe ein, und malen Sie einen Punkt in jede Augenhöhle, genau auf den eingezogenen Faden. Die beiden Punkte vergrößern Sie bis zu dem Durchmesser, der Ihnen für das Puppengesicht am besten gefällt. Mit der Stecknadelspitze malen Sie über jedes Auge einen feinen Lidstrich. Da das bei kleinen Puppen schwierig ist, nehmen Sie eventuell eine Lupe zu Hilfe. In jedes Auge setzen Sie mit der Nadelspitze einen Lichtpunkt, entweder in beide Augen oben links oder oben rechts.

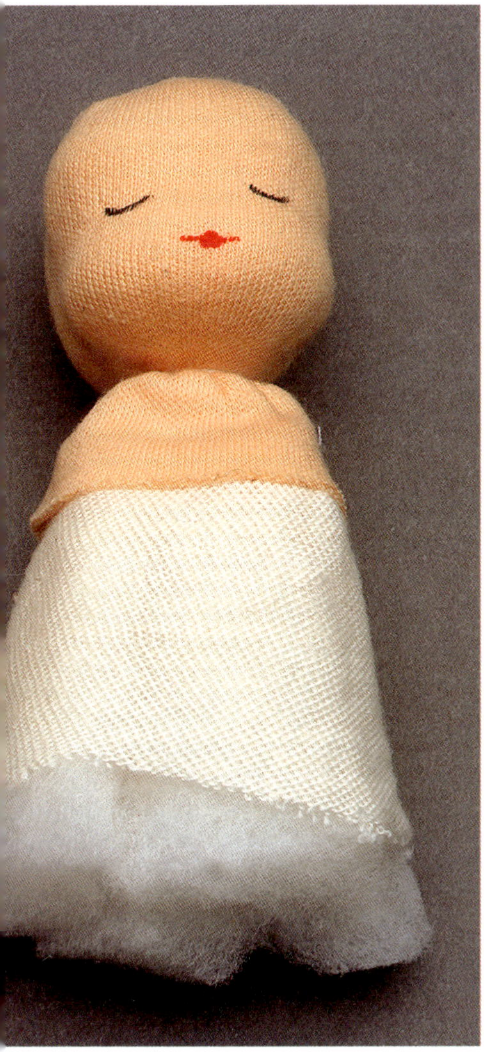

Den Mund malen Sie in die Mitte unter die Augen. Der Abstand zwischen den Augen und dem Mund sollte gleich groß sein. Den Punkt für den Mund malen Sie wieder mit dem Stecknadelkopf, die Lippenlinien und Mundwinkel mit der Stecknadelspitze.

Um das Gesicht noch etwas zu beleben, geben Sie dem Püppchen mit einem roten Wachsmalstift etwas Wangenrouge. Lassen Sie die Farbe jetzt etwa eine Stunde trocknen, bevor Sie am Puppenkopf weiterarbeiten.

Eine Nase erhält das Püppchen nur andeutungsweise. Entweder malen Sie einen kleinen Tupfen Rot mit dem Wachsmalstift in die Mitte zwischen Augen und Mund, oder Sie nehmen eine Stopfnadel und stechen an der Stelle, wo die Nase entstehen soll, in den Trikotstoff ein und zupfen nun mit der Nadelspitze sehr vorsichtig etwas Watte nach oben, die dann zwischen Stoff und Schlauchverband liegt. So entsteht nur an der Oberfläche eine kleine Erhebung, die eine Nase andeutet. Wie man eine Knubbelnase herstellt, ist auf Seite 46 beschrieben.

Nachfolgend einige Vorschläge, wie Sie die Gesichter bemalen können.

Körper

Sisaldrahtgerüst

Zerschneiden Sie mit einer Drahtzange den Sisaldraht in Einzelteile.

Sie benötigen einen Sisalzuschnitt von 9,5 cm für die Arme, 10,5 cm für die Beine und 13 cm für das Mittelstück (für andere Puppengrößen siehe Tabelle auf Seite 8).

Die Drahtenden an den Armen und Beinen werden mit einer Flachzange nach innen umgebogen, damit sich die Kinder später beim Spielen nicht verletzen. Um ein Ausfransen zu verhindern, werden die Sisalenden mit Garn umwickelt. Dann erstellen Sie das Gerüst der Puppe.

Nehmen Sie dazu das Stück Sisaldraht, das für den Rumpf vorgesehen ist, und stechen Sie mit Hilfe eines spitzen Gegenstandes ca. 2,5 cm vom Rand entfernt ein Loch durch die Sisalhülle. Dort stecken Sie das Sisalstück für die Arme durch. Tupfen Sie einige Tropfen Klebstoff in die Stelle, an der Arme und Beine fixiert werden sollen – also genau mittig. Umwickeln Sie dann diese Stelle über Kreuz mit festem Garn (Abb. 1).

4,5 cm tiefer stechen Sie das Loch für die Beine. Das restliche Sisalstück wird nach oben gebogen und unterhalb der Arme festgebunden (Abb. 2).

Abb. 2

Binden Sie knapp über den Schultern mit Garn ab, und schneiden Sie jetzt mit einer Schere ca. 2 cm der Sisalhülle am oberen Ende ab. Der Draht bleibt jedoch stehen, dort wird der Kopf später aufgesteckt (Abb. 3).

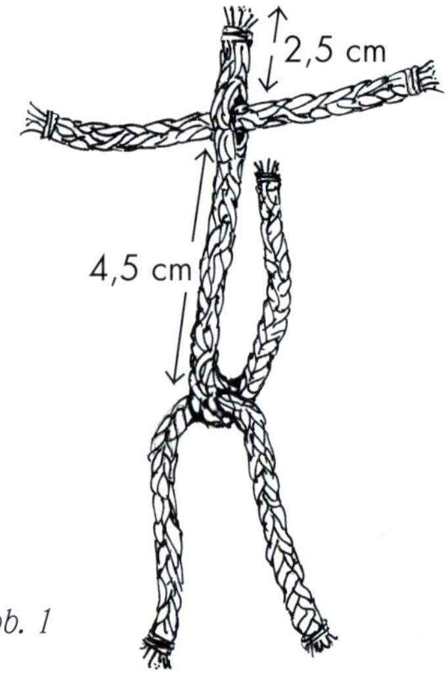

Abb. 1

Abb. 3

Das Chenillegerüst

Wenn Sie statt des Sisaldrahtes Chenilledraht einarbeiten möchten, benötigen Sie ein Drahtgerüst, das Sie anhand des gegenüber dargestellten Legeschemas herstellen (siehe Abb.). Nehmen Sie das Körper-Schnittmuster zur Hand (siehe Seite 19, im Beispiel für 13 cm) und fertigen Sie das Chenillegerüst in der Größe des Schnittmusters an. Bei Punkt A beginnen Sie mit dem Legen des Chenilledrahtes. An den Knotenpunkten 1 und 2 wickeln Sie den Draht zu einer Schlinge und ziehen diese fest.

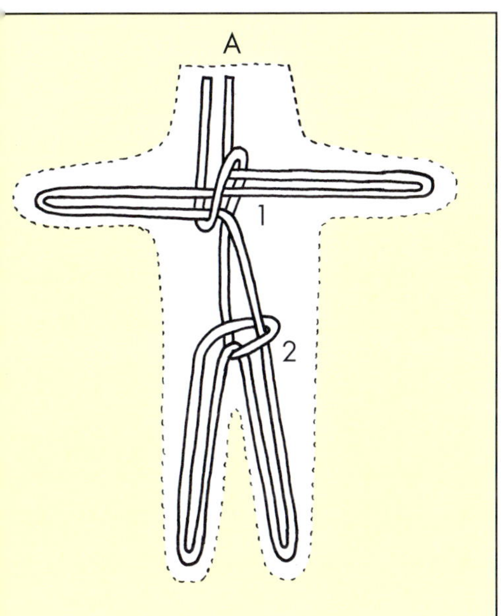

Körper polstern

Den Wattestreifen C wickeln Sie um den Bauch der Puppe. Heften Sie mit einigen Stichen das Ende des Wattevlieses fest.

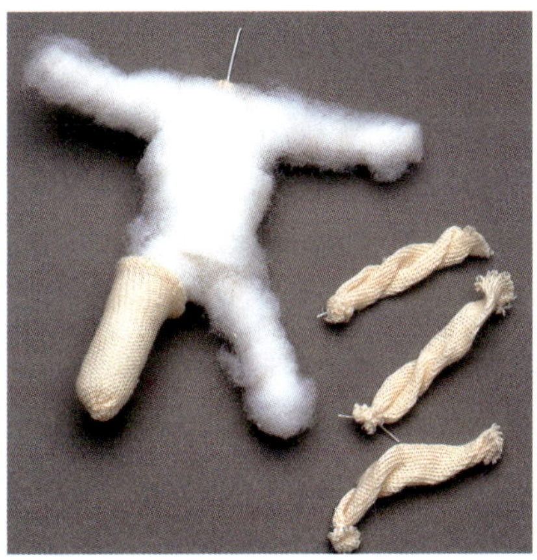

Mit den restlichen Wattestreifen umwickeln Sie Arme und Beine.
Vier Stücke Schlauchverband, 1,5 cm breit, 7 cm lang, werden jeweils an den Enden zugeschnürt, gewendet und über Arme und Beine gestülpt. Der übergezogene Schlauchverband dient dazu, der Watte Halt zu geben, damit sie beim Überziehen des Körpers und auch später beim Spielen nicht verrutscht.

Kopf aufsetzen

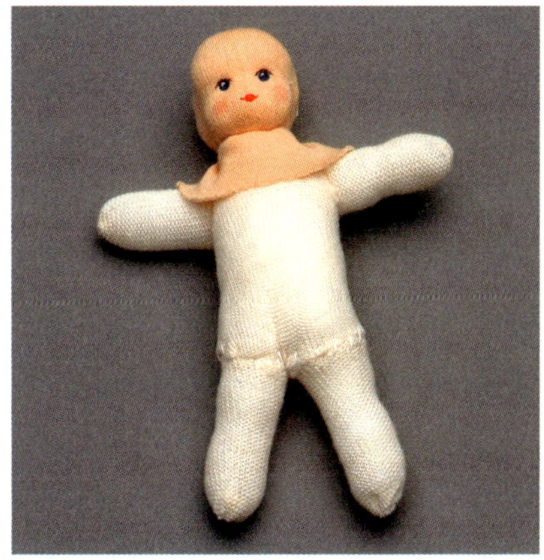

Setzen Sie nun den Puppenkopf auf das herausstehende Drahtende. Stechen Sie den spitzen Draht an der Hals-Abbindestelle tief in den Puppenkopf hinein. Legen Sie zwei der herunterhängenden Wattevliesstreifen nach vorne und zwei nach hinten, und streichen Sie die Wattevliesstreifen am Körper glatt. Ziehen Sie den Schlauchverband vom Puppenkopf nach unten und schneiden seitlich rechts und links je ein kleines Loch, durch das Sie die Arme durchziehen.

Vernähen Sie die Schlauchverband-Enden der Arme und Beine mit dem Schlauchverband des Puppenbauches und auch zwischen den Beinen mit einigen Stichen. Ziehen Sie den Trikotstoff vom Puppenhals hinunter zur Brust und nähen Sie ihn dort mit einigen Stichen fest.

Stoffbezug für den Körper

Das Körperschnittmuster übertragen Sie auf ein Stück Pappe. Legen Sie den Trikotstoff rechts auf rechts aufeinander und die Schablone darauf. Mit einem selbstlöschenden Phantomstift übertragen Sie die Umrisse und nähen mit der Nähmaschine auf der gezeichneten Linie eine Naht.

Der Bezug für den Puppenkörper wird auf die rechte Seite gewendet. In Hände und Füße stopfen Sie eine kleine Menge Watte, gerade soviel, daß nur die Spitzen ausgefüllt sind. Dann ziehen Sie die Körperhülle vorsichtig über das Drahtgerüst. Die offenen Stellen an den Schultern und am Hals der Puppe werden mit kleinen Matratzenstichen zugenäht.

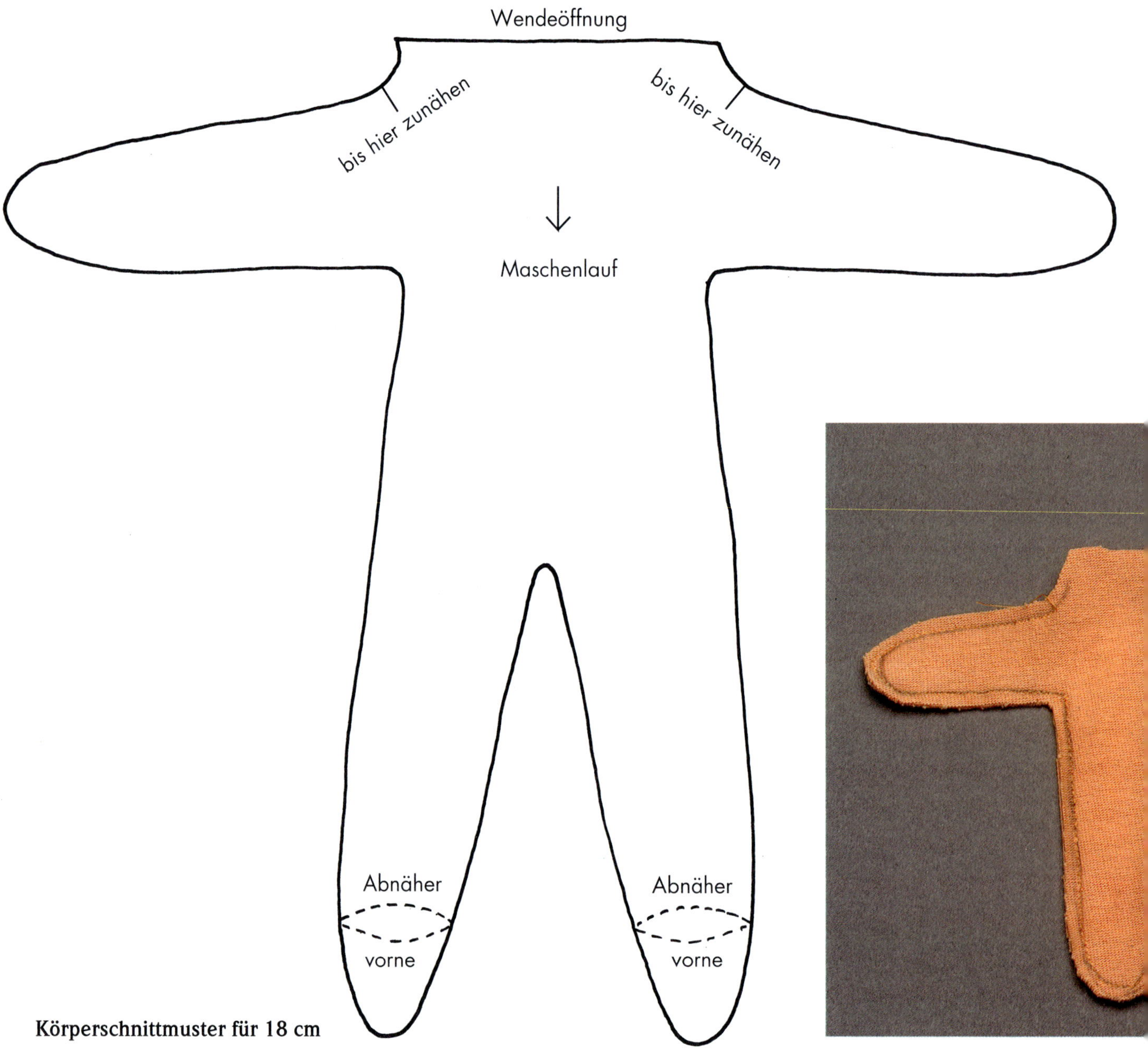

Körperschnittmuster für 18 cm

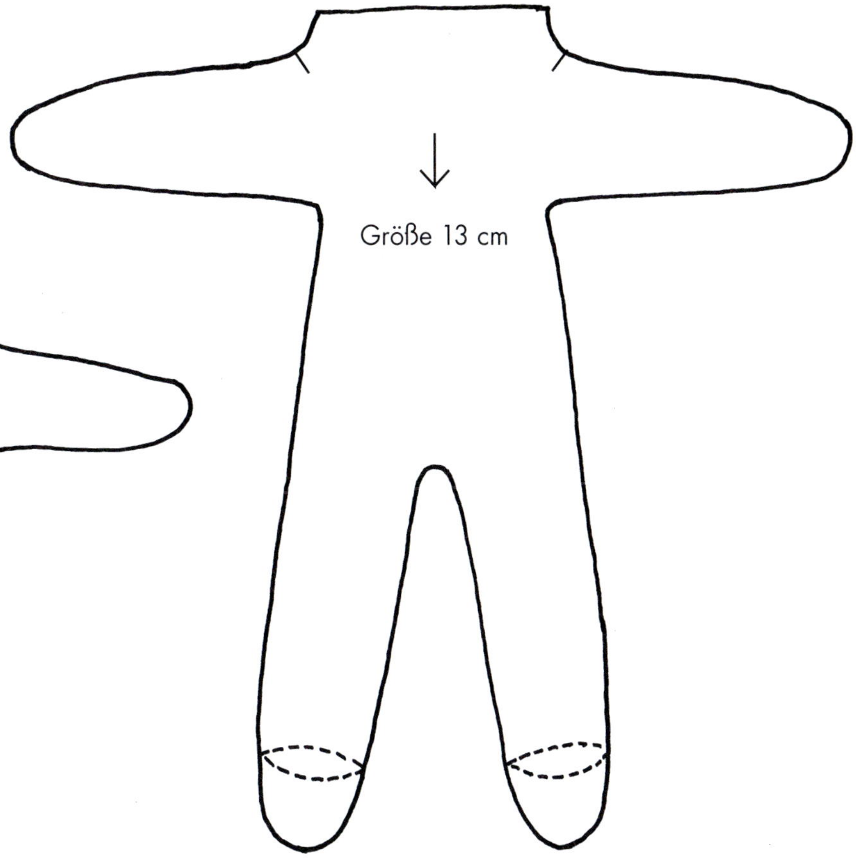
Größe 13 cm

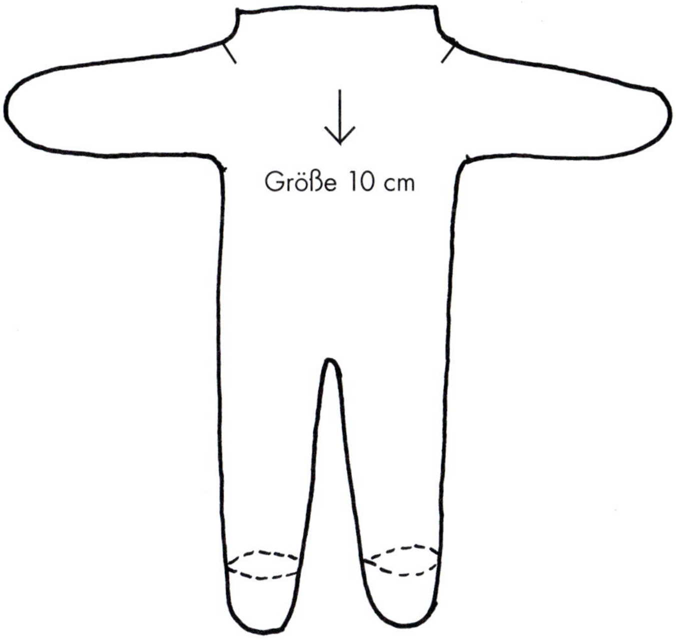
Größe 10 cm

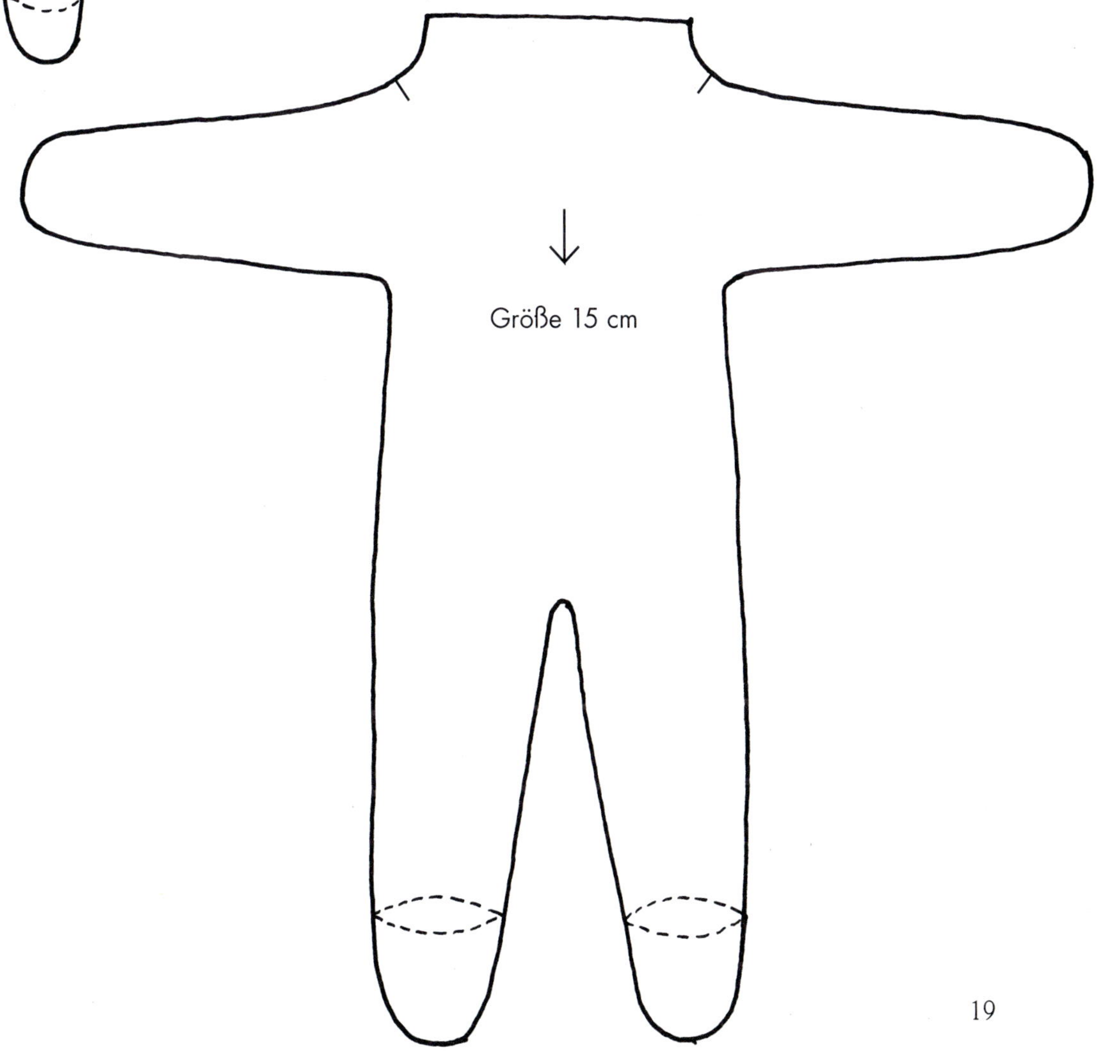
Größe 15 cm

Frisur

Einfach und schnell kann man eine Perücke aus Webplüsch oder Lockenfell herstellen. Die Perücke nähen Sie entlang dem Haaransatz mit feinen Saumstichen fest. Die Webplüschkante schlagen Sie knapp nach innen ein.

Genähte Perücke

Messen Sie am Haaransatz Ihrer fertigen Puppe aus, welche Größe Sie benötigen. Sie können das Schnittmuster verkleinern oder vergrößern, indem Sie die rückwärtige Naht nach außen oder nach innen korrigieren und den unteren Rand kürzen oder verlängern. Zeichnen Sie das passende Schnittmuster (siehe Seite 22) auf die Rückseite des Webplüschs auf. Schneiden Sie den Stoff mit 0,5 cm Nahtzugabe mit einer spitzen Schere aus. Achten Sie dabei darauf, daß der Plüsch nicht zerschnitten wird.

Zuerst nähen Sie die mit A gekennzeichneten Seiten gegeneinander, dann nacheinander die Seiten B, C, D und E. Es entsteht eine Mütze, die Sie am Haaransatz entlang mit feinen Saumstichen am Puppenkopf festnähen (siehe Foto Seite 21), wobei die Webplüschkante knapp nach innen eingeschlagen wird. Bei ganz kleinen Webplüschperücken wird die rückwärtige Naht genäht und der obere Rand mit einem Kräuselfaden zusammengezogen.

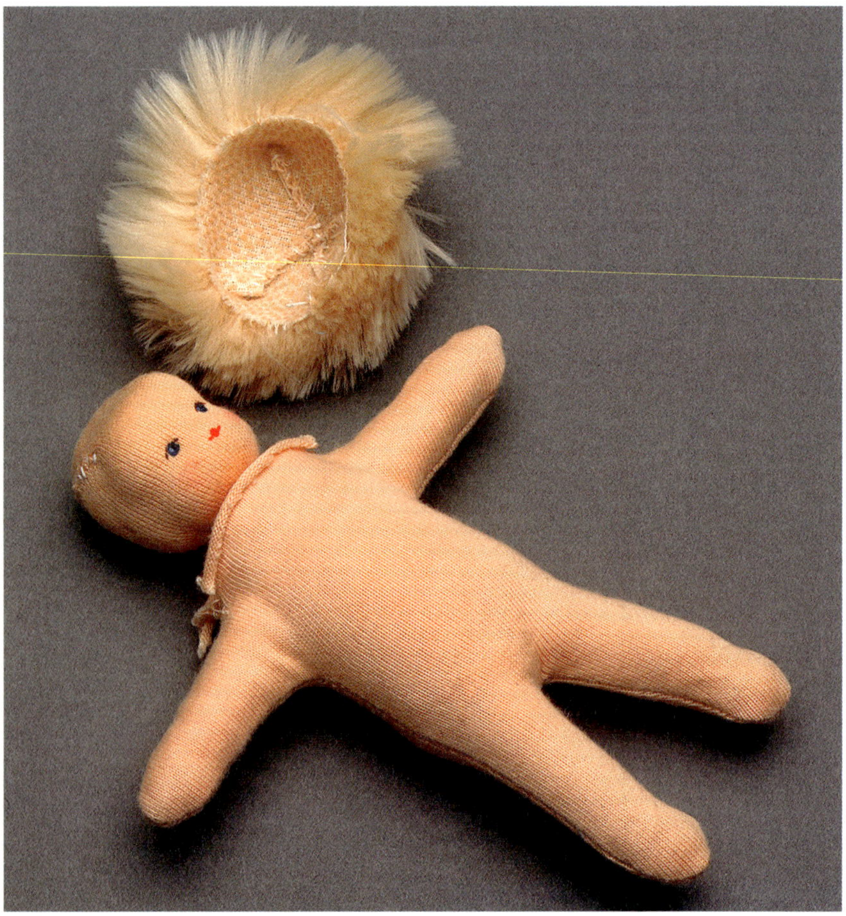

Gehäkelte Wollperücke

Etwas mehr Zeit benötigen Sie zum Häkeln einer Perücke. Mohairwolle häkeln Sie mit der Nadelstärke 2,5, Lockenwolle mit der Nadelstärke 3,5. Ob Langflauschmohair oder Lockenwolle, achten Sie immer darauf, daß nur der innen verlaufende Wollfaden mit der Häkelnadel erfaßt wird und die flauschigen Mohairhaare oder Locken nach außen ausgestrichen werden. Sie beginnen mit zwei Luftmaschen. In die erste Luftmasche häkeln Sie 6 feste Maschen. In den darauffolgenden Runden häkeln Sie in jeder zweiten Masche eine neue Masche dazu. Es entsteht ein leicht gewölbtes Deckchen. Messen Sie mehrmals am Puppenkopf, ob Sie weitere Maschen hinzufügen müssen oder die Perücke mit gleichbleibender Maschenzahl bis zum Ende häkeln können.

Langflauschmohair kämmen Sie mit einer Bürste aus. Daraus läßt sich hervorragend eine Mädchenfrisur mit kurzen Zöpfen herstellen. Möchten Sie eine Jungenfrisur haben, kürzen Sie den Mohairflor mit einer Schere auf die gewünschte Länge.

Die Perücke wird am Puppenkopf festgenäht.

Geknüpfte Frisur

Häkeln Sie zuerst ein grobmaschiges Mützchen. Wie bei der Mohairwolle beginnen Sie mit zwei Luftmaschen. Statt fester Maschen häkeln Sie Stäbchen mit einer anschließenden Luftmasche im Wechsel. Das Maschenkäppchen nähen Sie am Puppenkopf fest. Mit der Häkelnadel knüpfen Sie einzelne, ca. 6 cm lange Fäden in das Maschennetz, bis der gesamte Puppenkopf dicht mit kurzen Wollhaaren besetzt ist (Knüpftechnik siehe Abb. 1 bis 3). Mit der Schere stutzen Sie die fertige Frisur gleichmäßig auf die gewünschte Haarlänge. Auch Pferdeschwanz- oder Zopffrisuren lassen sich so mit entsprechend längeren einzelnen Fäden herstellen.

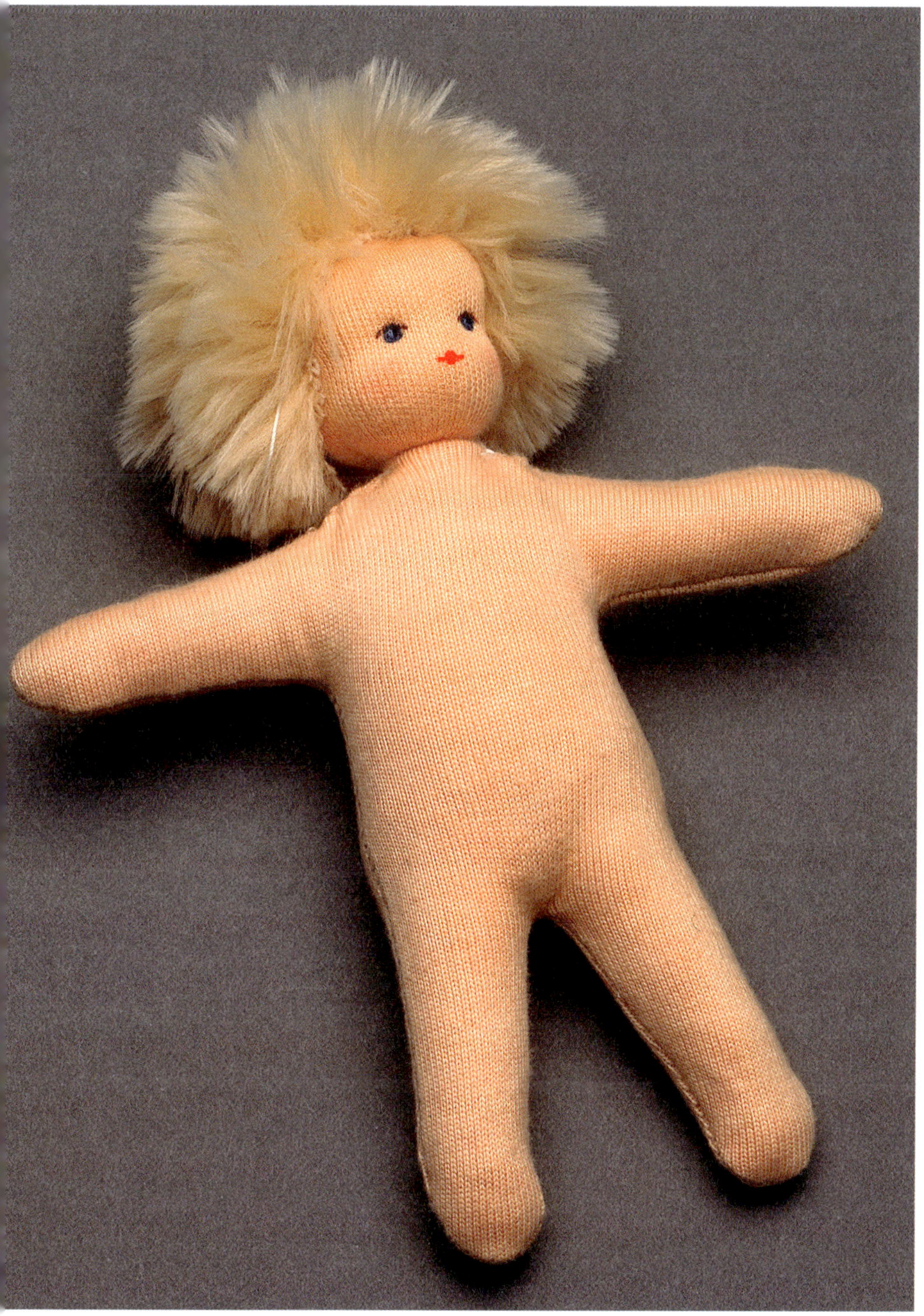

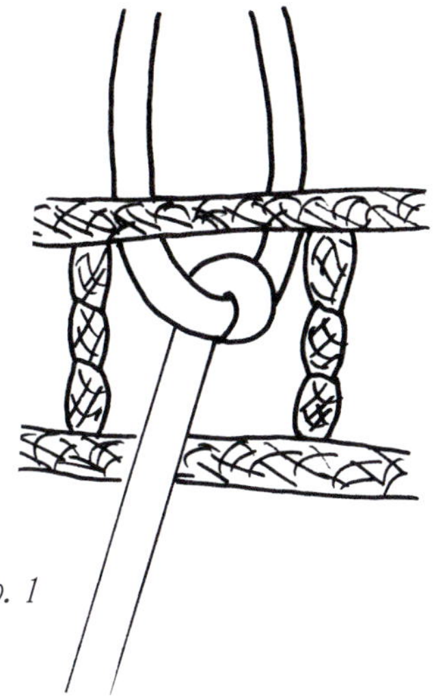

Abb. 1

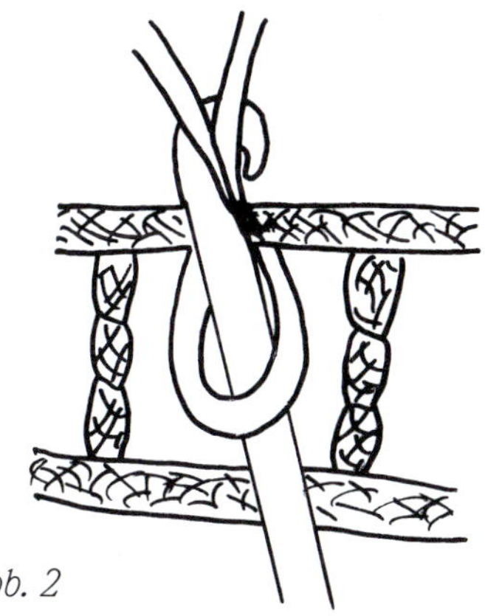

Abb. 2

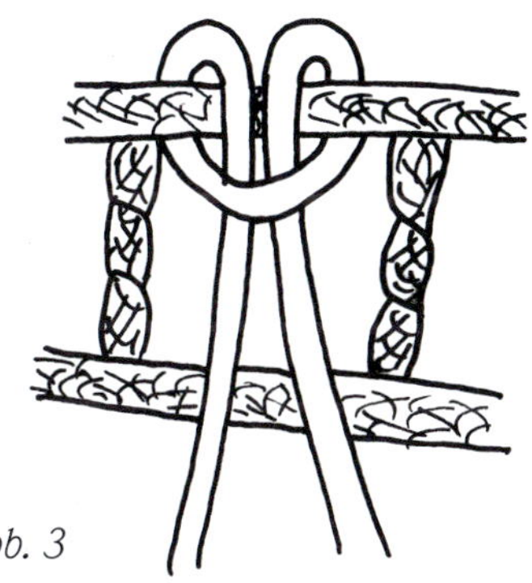

Abb. 3

Perückenschnittmuster Webplüsch

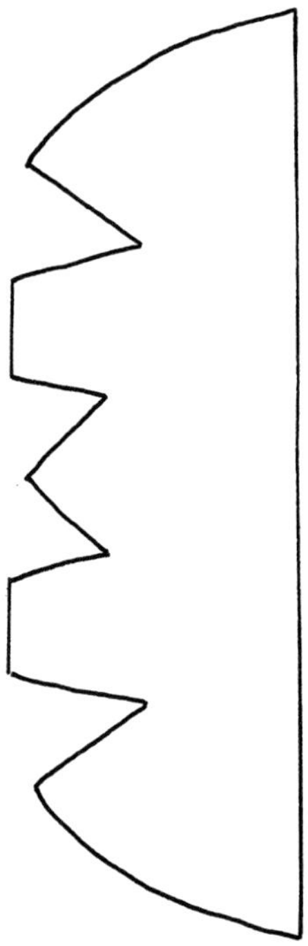

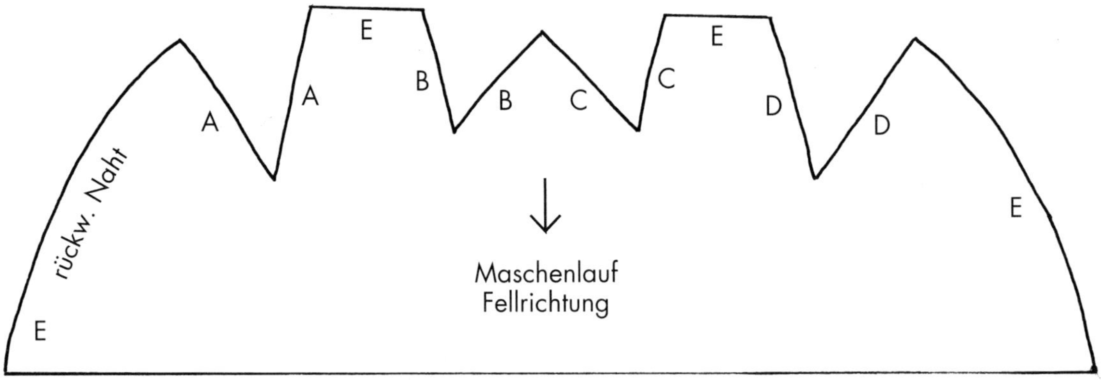

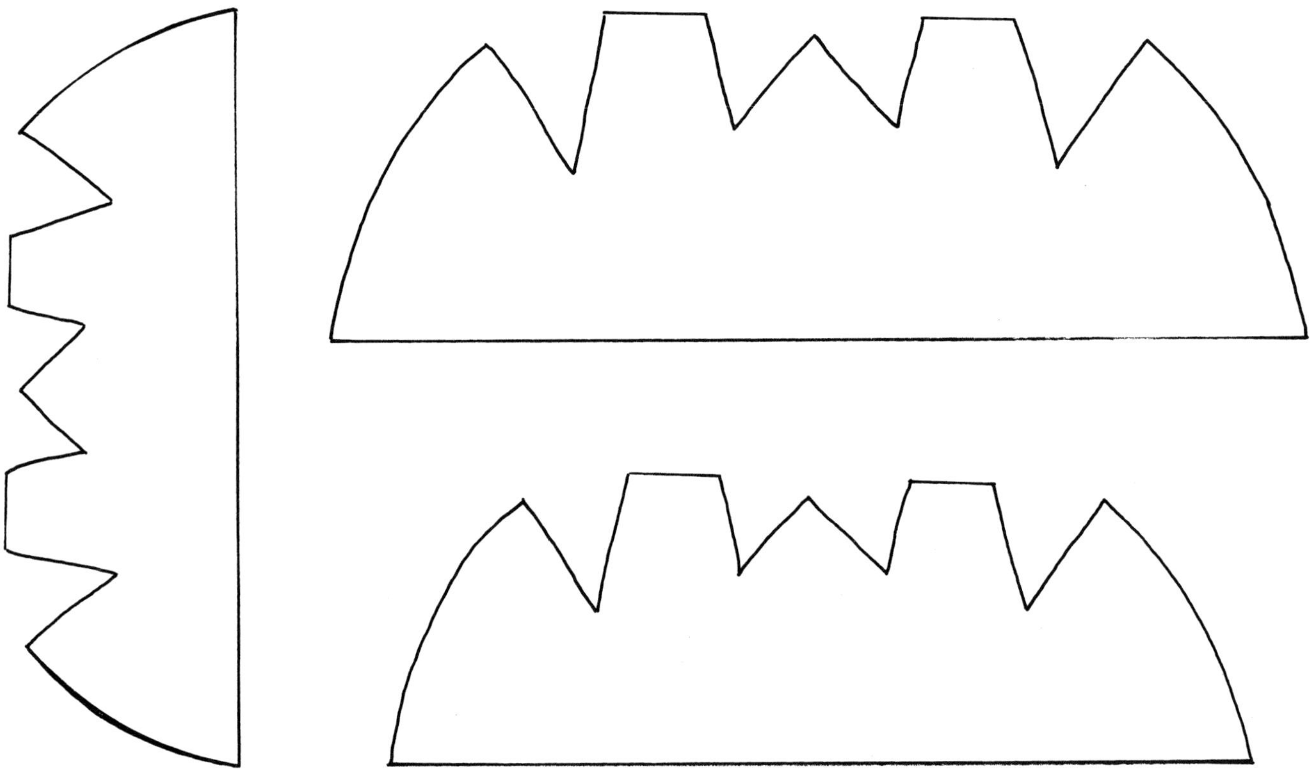

Gestickte Frisur

Ausgehend von der Kopfmitte besticken Sie den gesamten Puppenkopf mit unterschiedlich langen Spannstichen nach außen zum Haaransatz hin (siehe Abb.). Wenn der Puppenkopf dicht bestickt ist, können auch bei dieser Frisur noch Zöpfe oder ein Pferdeschwanz angeknüpft oder – wie bei der Oma – ein Dutt aufgenäht werden.

Gestickter Haaransatz

Kleinen Babypuppen, die eine fest angenähte Kopfbedeckung erhalten, kann der Haaransatz mit Baumwolle oder Mohair in Schlaufen aufgestickt werden (siehe Abb.). Nach dem ersten Nadelstich ziehen Sie den Faden durch und halten mit dem Daumen eine Schlaufe fest. Nach dem zweiten Nadelstich wird der Faden festgezogen. So kann sich die Schlaufe nicht lösen, auch wenn sie aufgeschnitten wird.

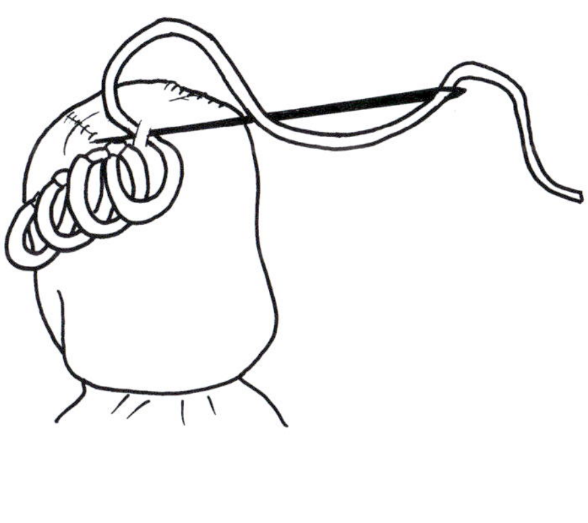

Hände und Füße

An den Handgelenken werden die Hände mit Garn abgebunden und somit deutlich herausgearbeitet. Die Füße bilden sich heraus, wenn der Abnäher im Matratzenstich zugenäht wird (siehe Abb.).

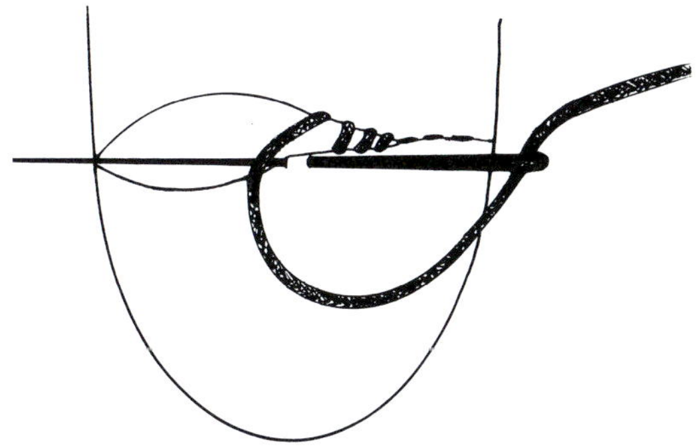

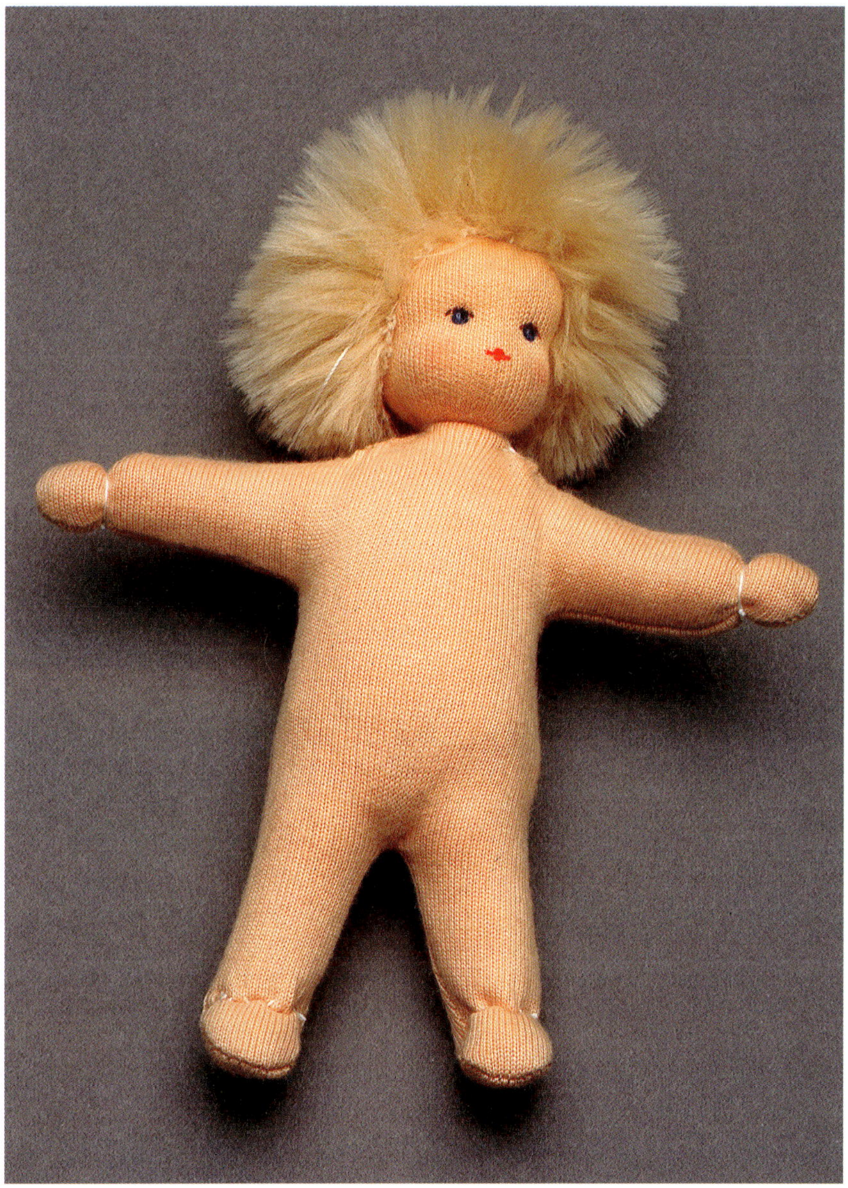

Puppen für die Puppenstube

George Orwell
mini detebe xv
Molière
Der Untergang des Hauses Usher
E.A.P.
mini detebe v
mini detebe xviii
Eric Ambler ● Der Kuhhandel

Oma

(Abb. Seite 24/25)

Der Puppenkörper wird nach Anleitung gestaltet (siehe Seite 11). Die Haare sind aufgestickt. Oben am Hinterkopf werden vier Fäden mit jeweils 10 cm Länge angenäht, zu einem Dutt gelegt und am Kopf festgenäht, s. Seite 23.

Opa

(Abb. Seite 24/25)

Der Puppenkörper wird nach Anleitung gestaltet (siehe Seite 11). Es wird nur ein Haarkranz mit Spannstichen gestickt. Die Barthaare sind aus einer Reihe von festen Maschen gehäkelt, die dann auf das Kinn genäht werden. Die Brille entsteht aus Blumendraht nach unten abgebildetem Schema.

Mutter

Der Puppenkörper wird nach Anleitung gestaltet (siehe Seite 11). Die Frisur ist gestickt, rund um den Haaransatz wurden Schlingen eingestickt, aufgeschnitten und zur Ponyfrisur ausgekämmt, siehe Seite 23.

Vater

Der Puppenkörper wird nach Anleitung gestaltet (siehe Seite 11). Die Frisur wurde aus einem Häkelnetz mit eingeknüpften kurzen Fäden hergestellt, siehe Seite 23.

Schuljunge

Der Puppenkörper wird nach Anleitung gestaltet (siehe Seite 11), die Frisur ist mit Spannstichen aufgestickt und leicht ausgekämmt, siehe Seite 23.

Großes Mädchen

Der Puppenkörper wird nach Anleitung gestaltet (siehe Seite 11). Die Haare werden aus Mohairwolle gehäkelt, ausgebürstet und zu einer Zopffrisur geformt, siehe Seite 20.

Kleines Mädchen

Der Puppenkörper wird nach Anleitung gestaltet (siehe Seite 11), die Haare werden aus Loopwolle gehäkelt, s. Seite 20.

Blondes Mädchen mit Zöpfen

Der Puppenkörper wurde nach Anleitung gestaltet (siehe Seite 11), die Haare werden aufgestickt. Seitlich werden lange Fäden angenäht und zu Zöpfen geflochten. Ebenso wird die Frisur des Mädchens gearbeitet, das das Baby in der Küche füttert. Frisur siehe Seite 23.

Kleinkind im blauen Anzug

Der Puppenkörper wird nach Anleitung gestaltet (siehe Seite 11), die Haare werden mit Spannstichen aufgestickt, siehe Seite 23.

Babys

Die Babys werden nach der Anleitung für das Kuschelbaby gestaltet (siehe Seite 37). Allerdings sind sie nur 5 cm groß, s. Tabelle Seite 8. Die Haare bzw. Haaransätze sind gearbeitet, wie auf Seite 23 beschrieben. Ausnahme: das kleine blonde Mädchen, das im Leiterwagen sitzt (siehe Foto Seite 23). Hier werden die Haare mit Spannstichen aufgestickt und längere Fäden zum Pferdeschwanz zusammengenommen.

Puppen-kleider

Da in den Spielwarengeschäften selten fertige Kleidung für Puppenstubenpuppen angeboten wird, habe ich eine Reihe von Schnittmustern entworfen.

Alle Kleidungsstücke sind leicht und schnell zu nähen und können zum Teil auch von Kindern angefertigt werden. Zu allen Schnittmustern muß eine Nahtzugabe von ca. 0,5 cm hinzugefügt werden. Messen Sie aber auf jeden Fall immer das Schnittmuster an der fertigen Puppe aus und korrigieren Sie es bei Bedarf.

Bei den Blusen, Hemden und Kleidern wird der Halsausschnitt mit einem Schrägstreifen von ca. 1 cm Breite versäubert. Die Länge des Schrägstreifens messen Sie am Kleidungsstück aus. Knopflöcher sind für diese kleinen Teile nur mühsam herzustellen. Nähen Sie deshalb winzige Knöpfe auf die Außenseite und auf die Innenseiten Klettband.

Opa

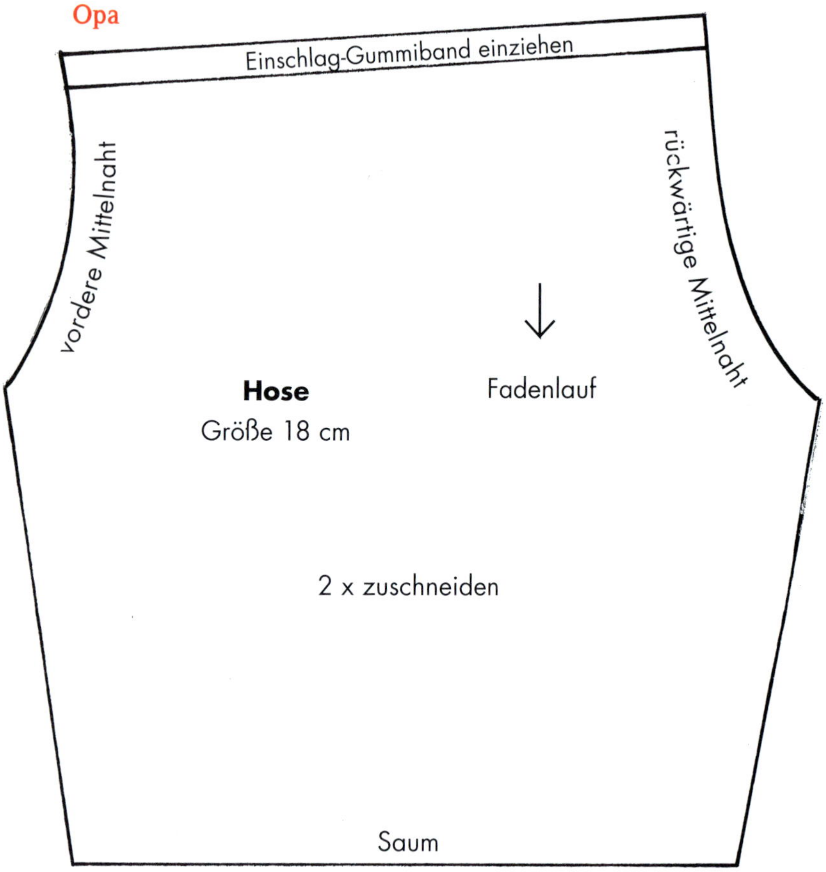

Mädchen mit blonden Zöpfen

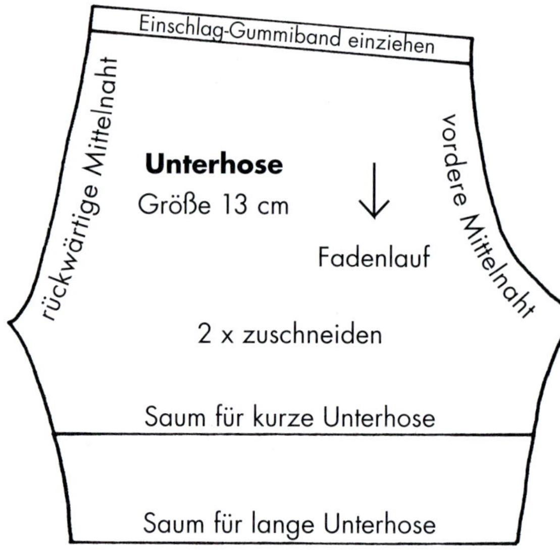

Mutter und Oma

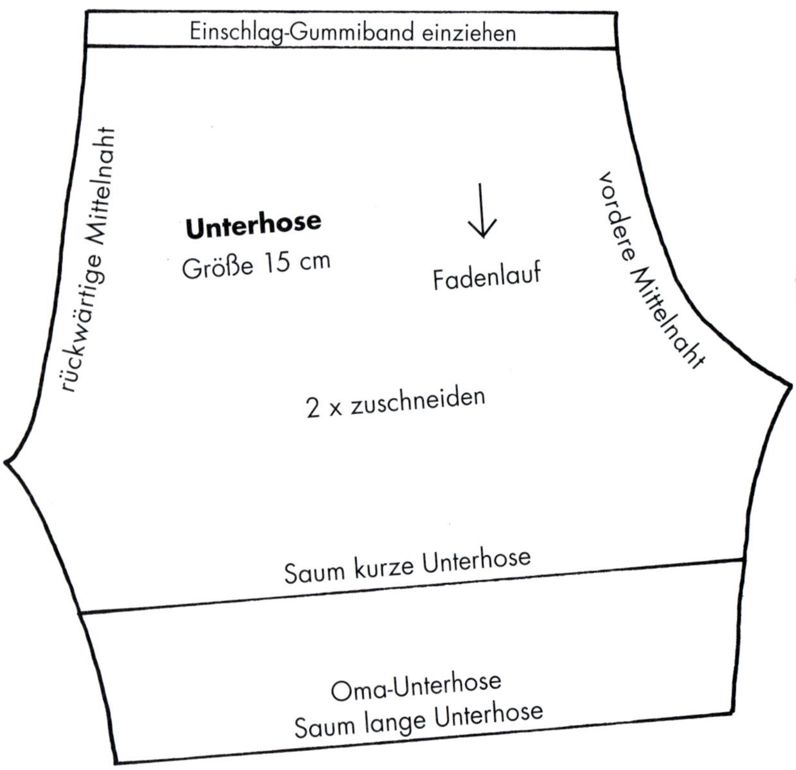

Vater

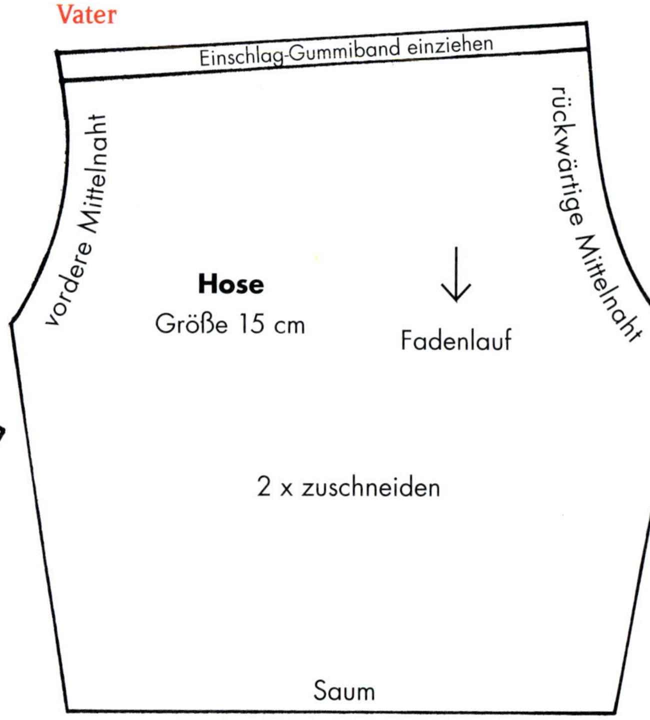

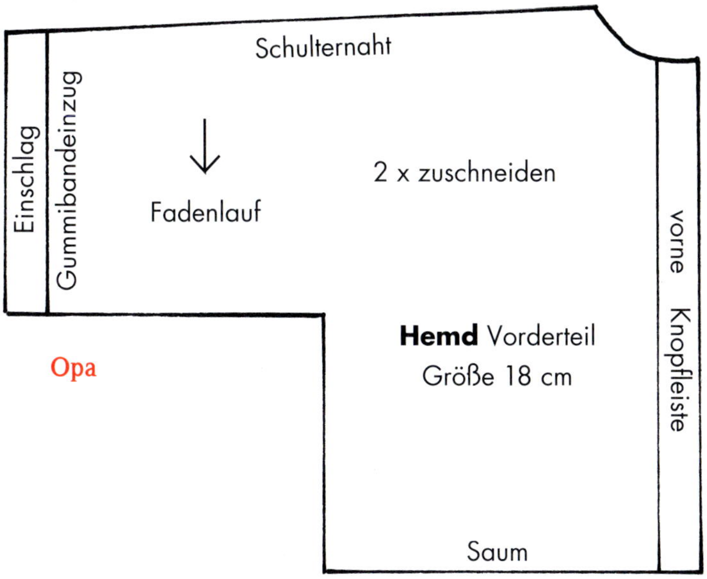

Opa

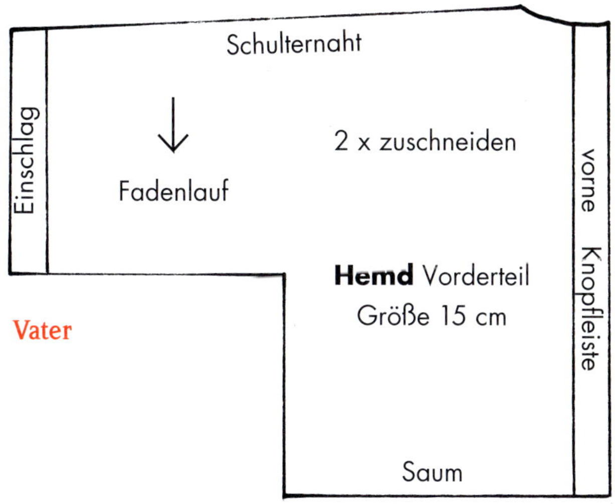

Vater

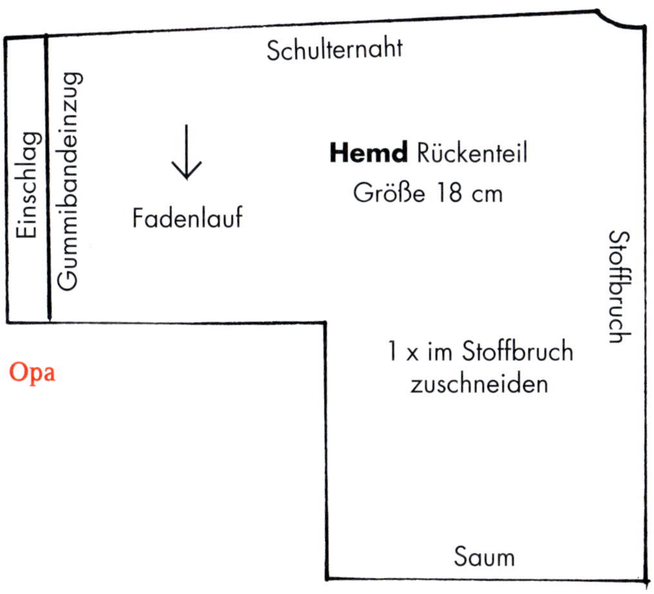

Opa

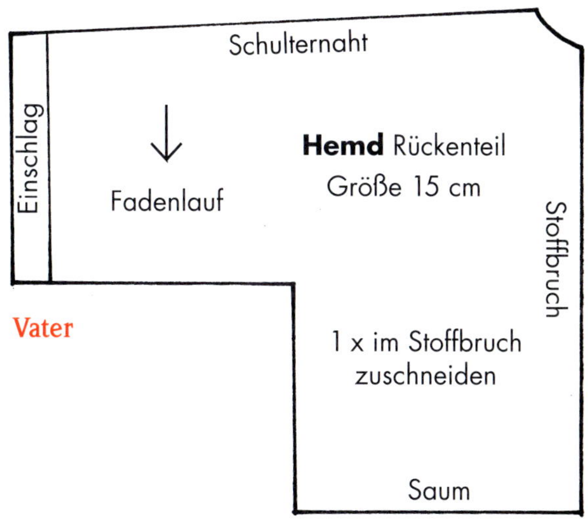

Vater

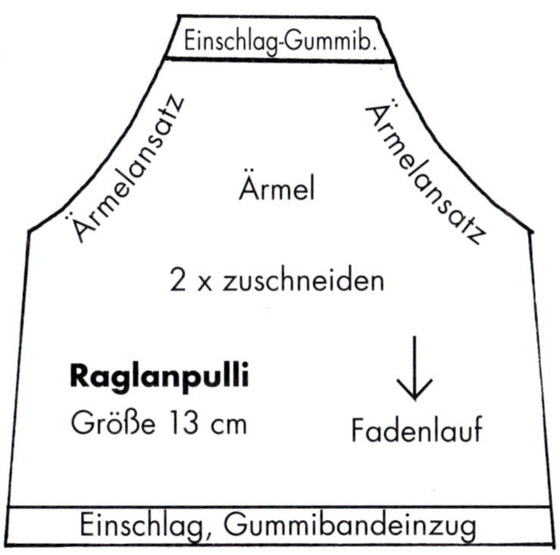

Kleidung für die Puppe, die bei den Schritt-für-Schritt-Aufnahmen entstand
(Fortsetzung Seite 34)

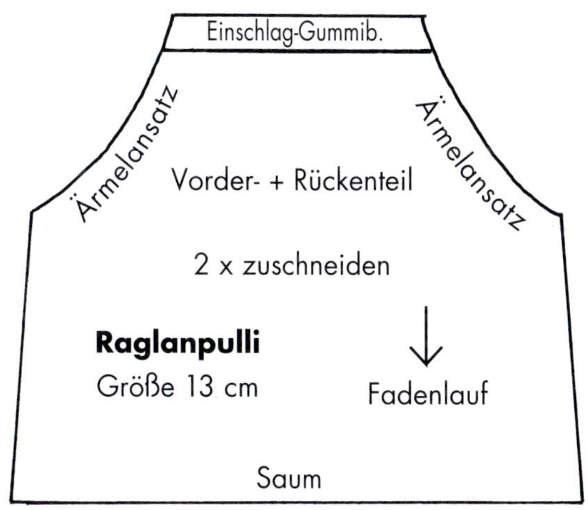

Schritt-für-Schritt-Puppe

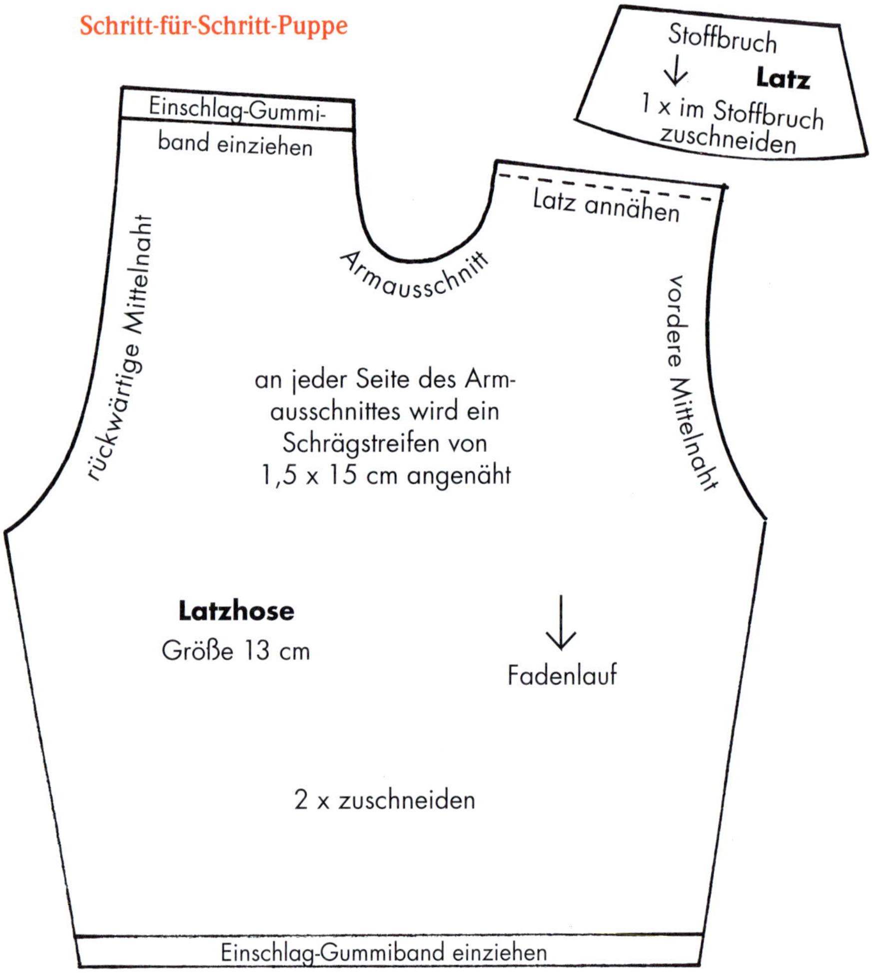

Schuljunge

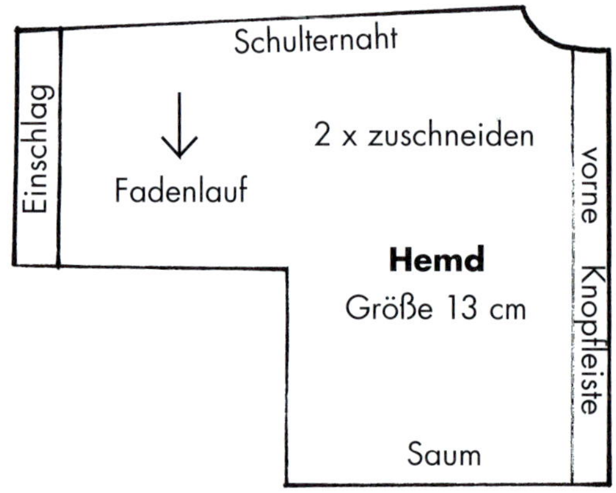

Schuljunge

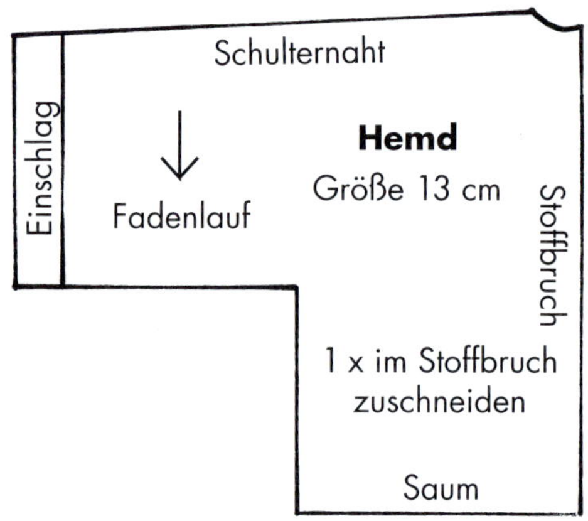

Schuljunge

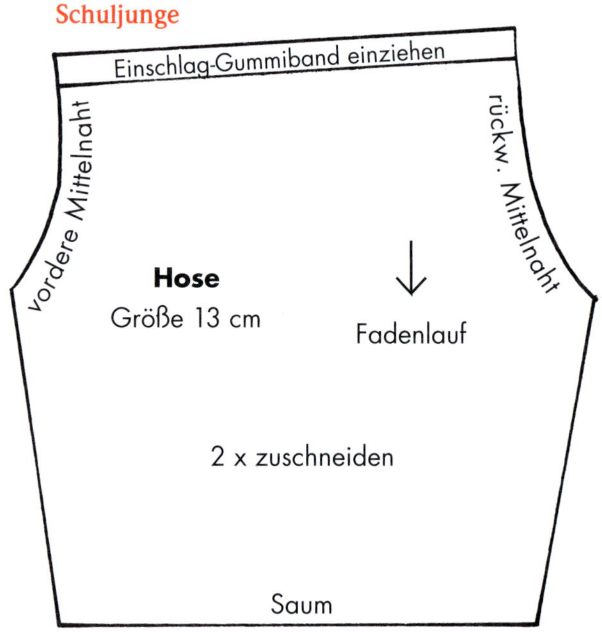

Schürze für das Mädchen mit blonden Zöpfen

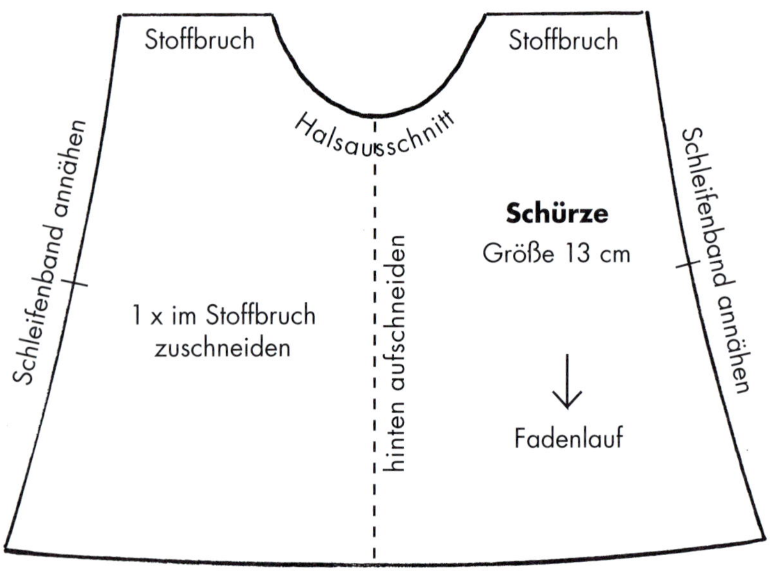

Kleid
für die
Oma

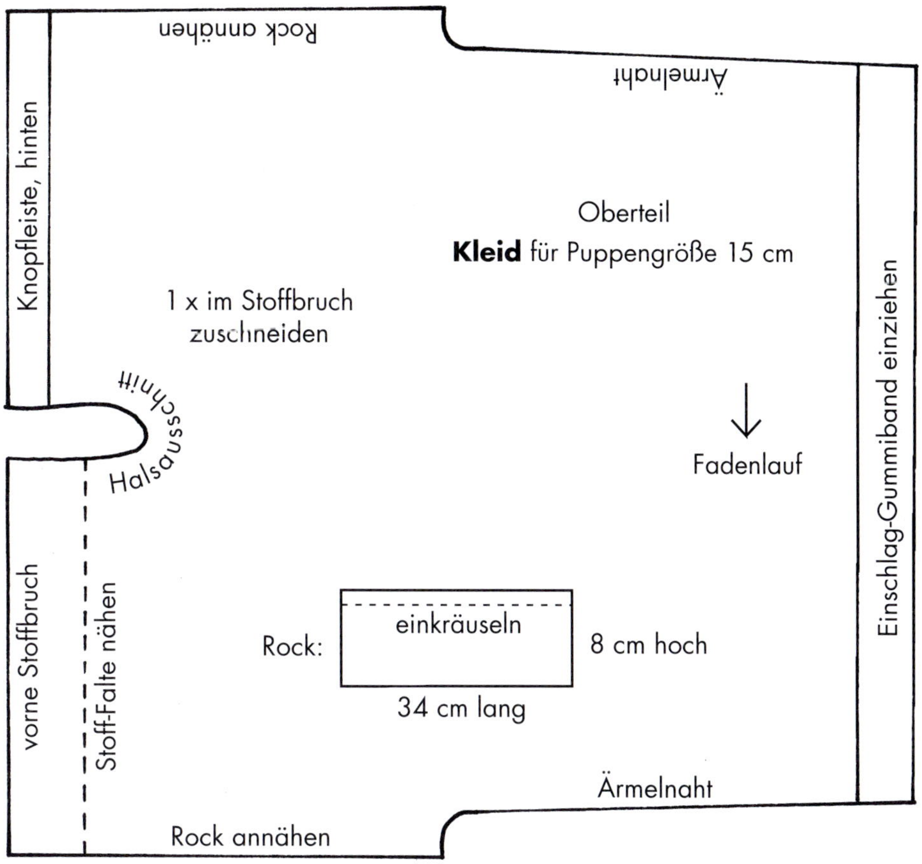

Kleid für Mädchen mit blonden Zöpfen

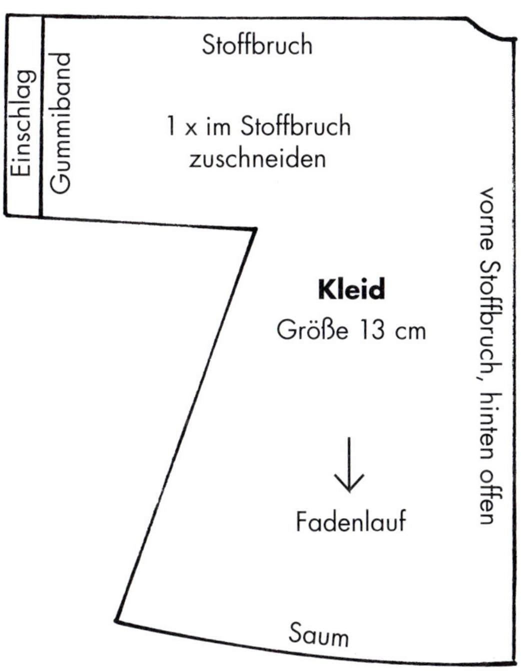

Mutter

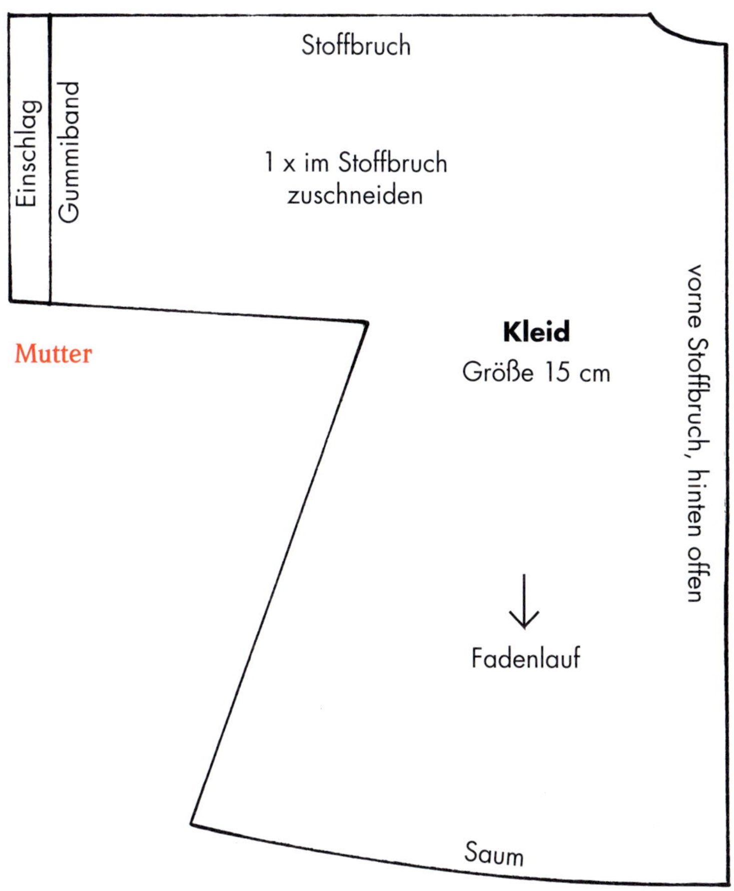

Puppenideen für viele Gelegenheiten

Kuschelbaby

Kuschelbabys lassen sich vielfältig verwenden. In einem Körbchen, einem kleinen Puppenwagen oder auf einem Mond liegend ist es eine Zierde für jedes Kinderzimmer. Und ein Krabbelbaby, auf einem Serviettenring festgenäht, ist mit Sicherheit die Attraktion bei einer Tauffeier oder dem nächsten Kindergeburtstag.

Für das Baby habe ich eine Größe von 13 cm gewählt, da Sie sich dann bei der Herstellung an den Arbeitsschritten von Seite 11 orientieren können. Das Puppenstubenbaby (Seite 31) ist hingegen nur 5 cm groß.

So wird's gemacht

Erstellen Sie den Puppenkopf, wie auf Seite 11 beschrieben.

Messen Sie entlang des Haaransatzes den Kopfumfang der Puppe. Er wird ca. 14 cm betragen. Sie benötigen einen Streifen Webplüsch von 1 cm Breite und 14 cm Länge. Nähen Sie diesen Webplüschstreifen entlang des Haaransatzes am Kopf der Puppe fest. Die Webplüschkante wird dabei nach innen eingeschlagen.

Nähen Sie dem Baby eine Kopfbedeckung, z. B. eine Zipfelmütze (siehe Abb.). Für die Größe der Mütze ist der Kopfumfang der fertigen Puppe ausschlaggebend. Die Länge der Mütze bleibt Ihnen überlassen, auf dem Foto trägt das Baby eine 15 cm lange Zipfelmütze.

Den Rand der fertigen Mütze schlagen Sie nach innen ein. Nähen Sie dann die Mütze auf dem Haarkranz am Kopf der Puppe fest.

Den Wattestreifen C wickeln Sie zu einer Rolle. Der Umfang sollte etwas größer sein als der Kopfumfang. In die Mitte unter das Wattevlies setzen Sie die Rolle am Kopf der Puppe hochkant ein, streichen Vliesstreifen und Schlauchverband darüber und vernähen die Öffnung.

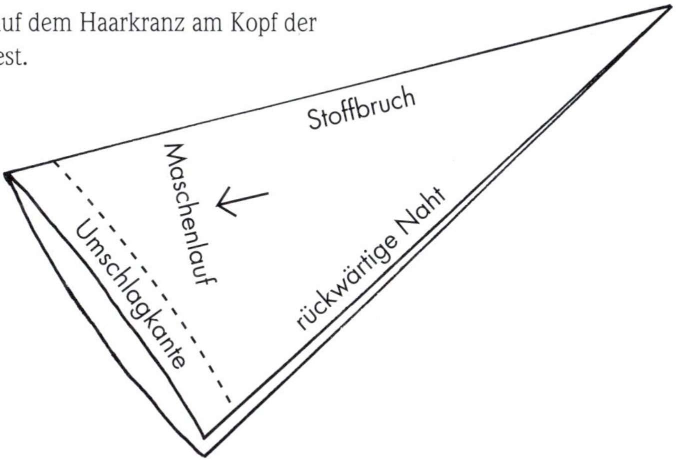

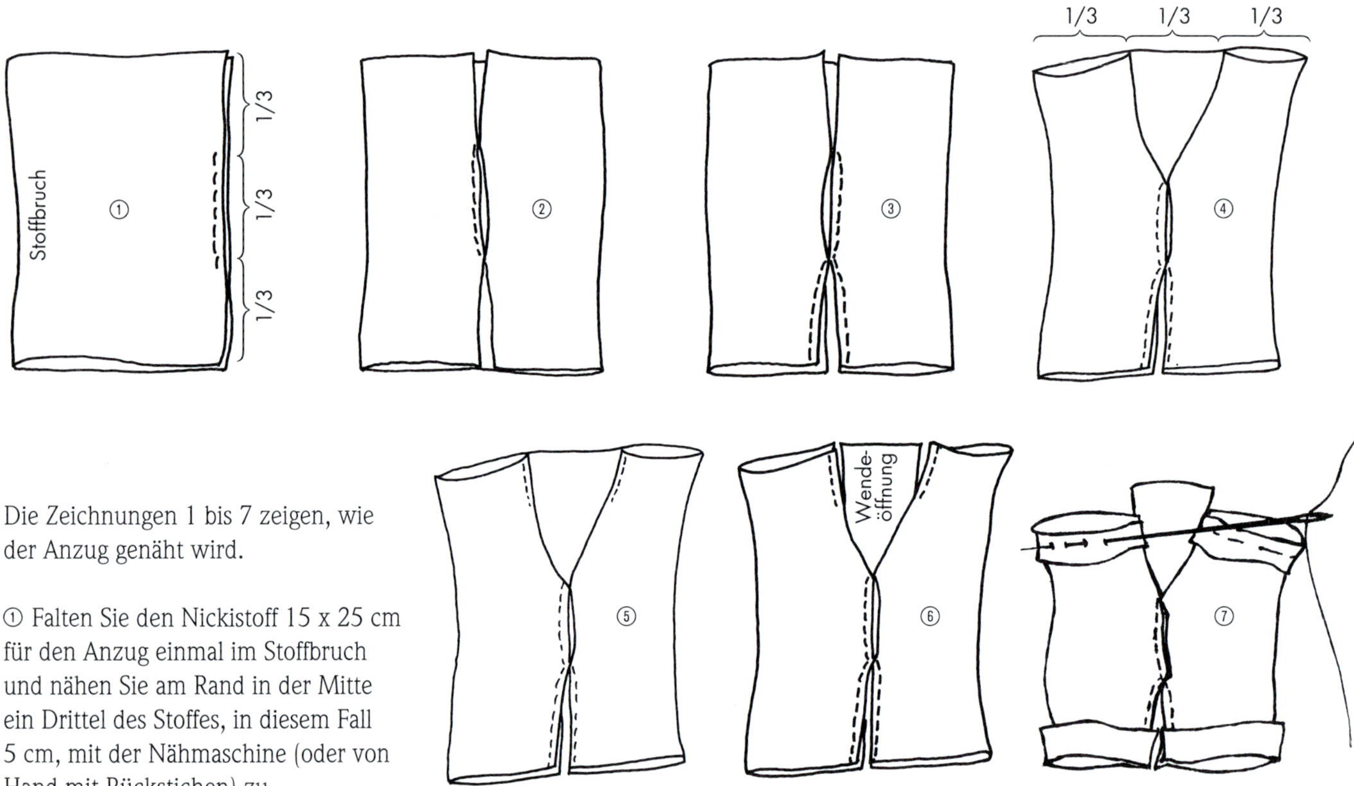

Die Zeichnungen 1 bis 7 zeigen, wie der Anzug genäht wird.

① Falten Sie den Nickistoff 15 x 25 cm für den Anzug einmal im Stoffbruch und nähen Sie am Rand in der Mitte ein Drittel des Stoffes, in diesem Fall 5 cm, mit der Nähmaschine (oder von Hand mit Rückstichen) zu.

② Legen Sie den Stoff so, daß der genähte Abschnitt in der Mitte liegt.

③ So entstehen die Hosenbeine: Links und rechts der Mittellinie nähen Sie jeweils eine Naht vom Rand aufwärts spitz zulaufend, bis Sie auf die Mittelnaht treffen. Mit der Schere zwischen diesen beiden Nähten einschneiden.

④ Jetzt legen Sie den Stoff so, daß die Ärmel für die Hände abgeteilt werden. Schieben Sie die Stoffkanten leicht nach außen. Als Maß nehmen Sie eine Drittelung.

⑤ Nähen Sie links und rechts jeweils nur wenige Stiche, in diesem Fall ca. 1,5 cm, der Ärmelöffnung zu.

⑥ Knapp neben dieser kurzen Naht schneiden Sie mit der Schere parallel dazu ein.

⑦ Schlagen Sie alle Kanten der Ärmel- und Beinöffnungen ca. 1 cm nach innen ein und nähen 0,5 cm vom Rand entfernt in jede Öffnung einen Kräuselfaden ein. Verknoten Sie die Kräuselfäden nicht und lassen Sie die Fadenenden zunächst noch herunterhängen.

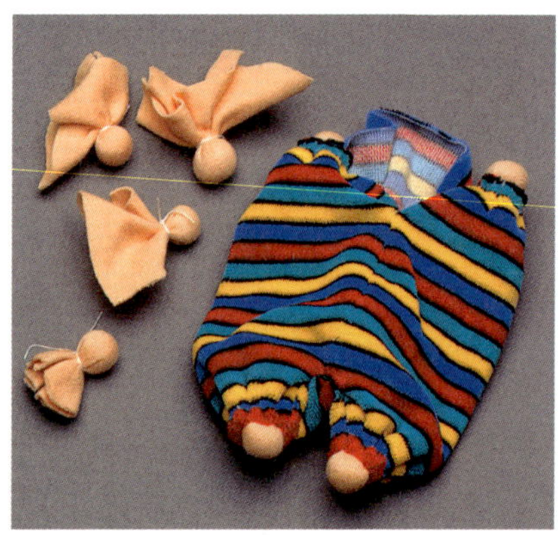

Für Hände und Füße benötigen Sie nur ganz wenig Füllwatte.

Schneiden Sie ein Stück Trikotstoff feiner Qualität von 9 cm x 9 cm zu. Die Füllwatte wird zu einer kleinen, ziemlich festen Kugel geformt. Dann wird die Wattekugel mit den Fingerspitzen fest in die Mitte des Trikotstoffes hineingedrückt. Von der anderen Seite umfassen Sie ebenfalls mit den

Fingerspitzen die in den Trikotstoff eingewickelte Wattekugel und binden sie stramm mit reißfestem Garn ab.

Wenden Sie den Anzug auf die rechte Seite, setzen in jede Ärmel- und Beinöffnung eine Trikotkugel, und ziehen Sie nacheinander die Kräuselfäden fest. Vernähen Sie die Fadenenden gut.

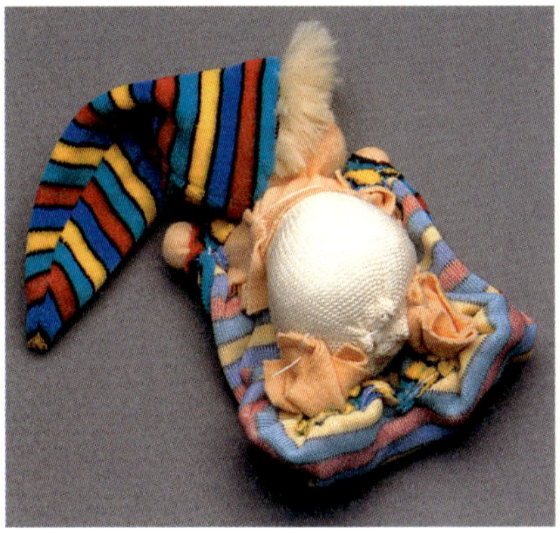

Wenden Sie den Anzug auf die linke Seite. Legen Sie ihn auf Ihre Arbeitsunterlage mit der vorderen Mittelnaht nach oben. Legen Sie das Püppchen so darauf, daß es zur Seite schaut. Nähen Sie die Zipfel der Trikotkugelhände oben an den Schultern des Püppchens fest. Die Trikotkugelfüße werden parallel dazu am unteren Rand der Bauchrolle festgenäht.

Durch die Wendeöffnung ziehen Sie der Puppe den Anzug an.

An den Schultern und am Hals werden die Öffnungen im Matratzenstich geschlossen.

Wenn Sie möchten, können Sie auf dem Rücken der Puppe etwas Nickistoff einkräuseln und als Verzierung eine Schleife aufnähen. Aus einer schmalen Spitze können Sie einen Zierkragen nähen und ihn dem Püppchen um den Hals binden (siehe Seite 40).

Geben Sie dem Püppchen nun vielleicht noch einen kleinen Schnuller, eine Rassel oder ein Kuscheltuch in die Hand.

Nach der Anleitung des Kuschelbabys (7 cm groß) wird dieser ausgefallene Serviettenring hergestellt. Das Baby wird auf einen aus Nicki-Stoff gefertigten Ring aufgenäht.

Püppchen auf dem Mond

Neben den Grundmaterialien für ein 13 cm großes Kuschelpüppchen benötigen Sie 30 x 50 cm gelben Nickistoff, 100 g Füllwatte, ca. 2 m Satinband, eine Spieluhr mit Kordelzug oder ein Musikmodul.

So wird's gemacht

Kuschelbaby zusammennähen, wie auf Seite 37 beschrieben.

Je nachdem, welche Nickistoffqualität Sie verarbeiten, sollte der Nickistoff mit einem weißen Baumwollstoff unterlegt und verstärkt werden.

Beim Übertragen des Schnittmusters auf Pappe oder Papier ergänzen Sie die fehlende Mondhälfte (siehe Seite 41). Legen Sie den Nickistoff doppelt und zeichnen Sie auf die linke Stoffseite mit dem Phantomstift die Umrisse des Mondes. Nähen Sie in der angezeichneten Linie die Naht. Mit ca. 0,5 cm Nahtzugabe schneiden Sie den Stoffaus.

Durch die Öffnung den Mond nach rechts wenden. Wie bei der Spieluhrpuppe (Seite 50) können Sie vor dem Füllen mit Watte ein Musikwerk oder ein Musikmodul einarbeiten. Füllen Sie den Mond fest mit Füllwatte auf. Die Wendeöffnung wird im Matratzenstich zugenäht. An dieser Stelle nähen Sie dann mit einigen großen Heftstichen das Kuschelbaby am Mond fest.

Als Aufhängung nähen Sie ein Satinband und zur Verzierung eine Schleife an, die so gefertigt wird: Ein Satin- oder Samtband, 2 cm breit, 20 cm lang, wird an den Enden zusammengenäht (Abb. 1). In der Mitte einen Kräuselfaden einziehen, strammziehen und vernähen (Abb. 2). Legen Sie ein kurzes Stück Schleifenband um die Mitte der Schleife und vernähen es hinten (Abb.3).

Zum Aufhängen nähen Sie ein ca. 70 cm langes Schleifenband oben am Mond fest und befestigen darauf die fertige Schleife (Abb. 4).

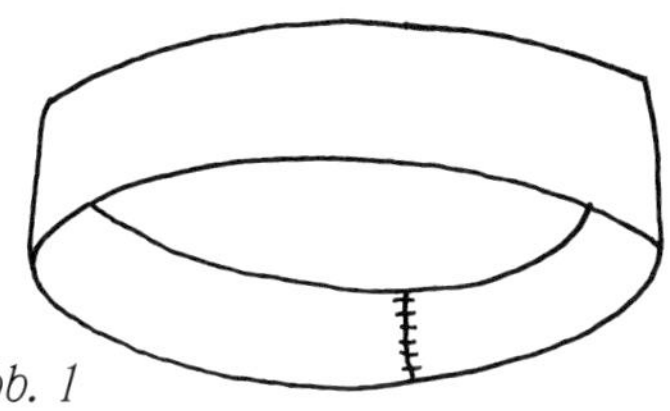

Abb. 1

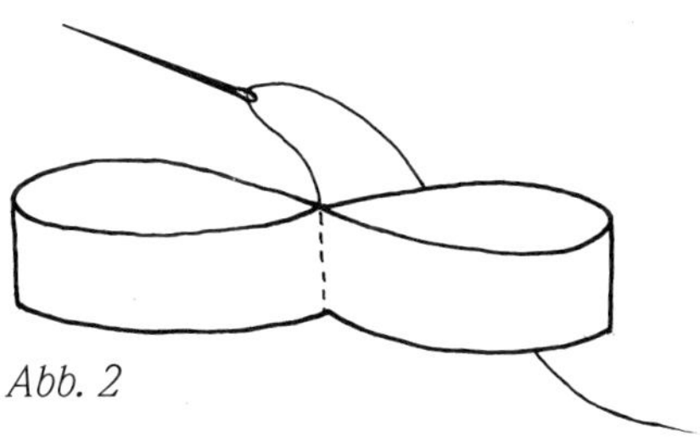

Abb. 2

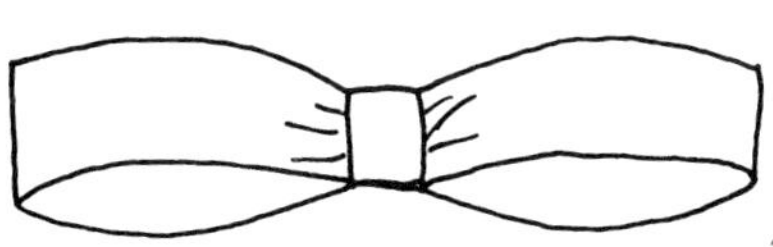

Abb. 3

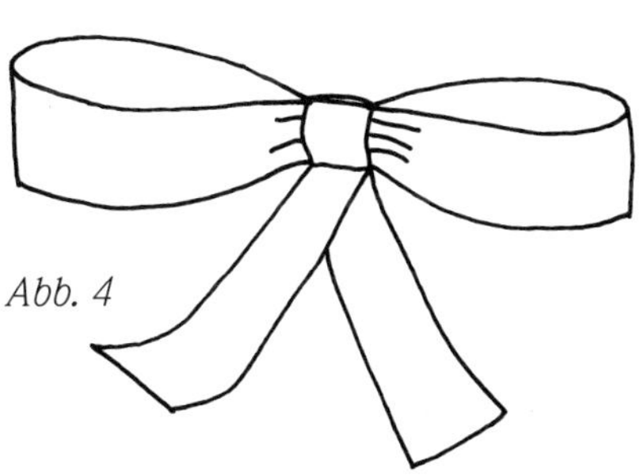

Abb. 4

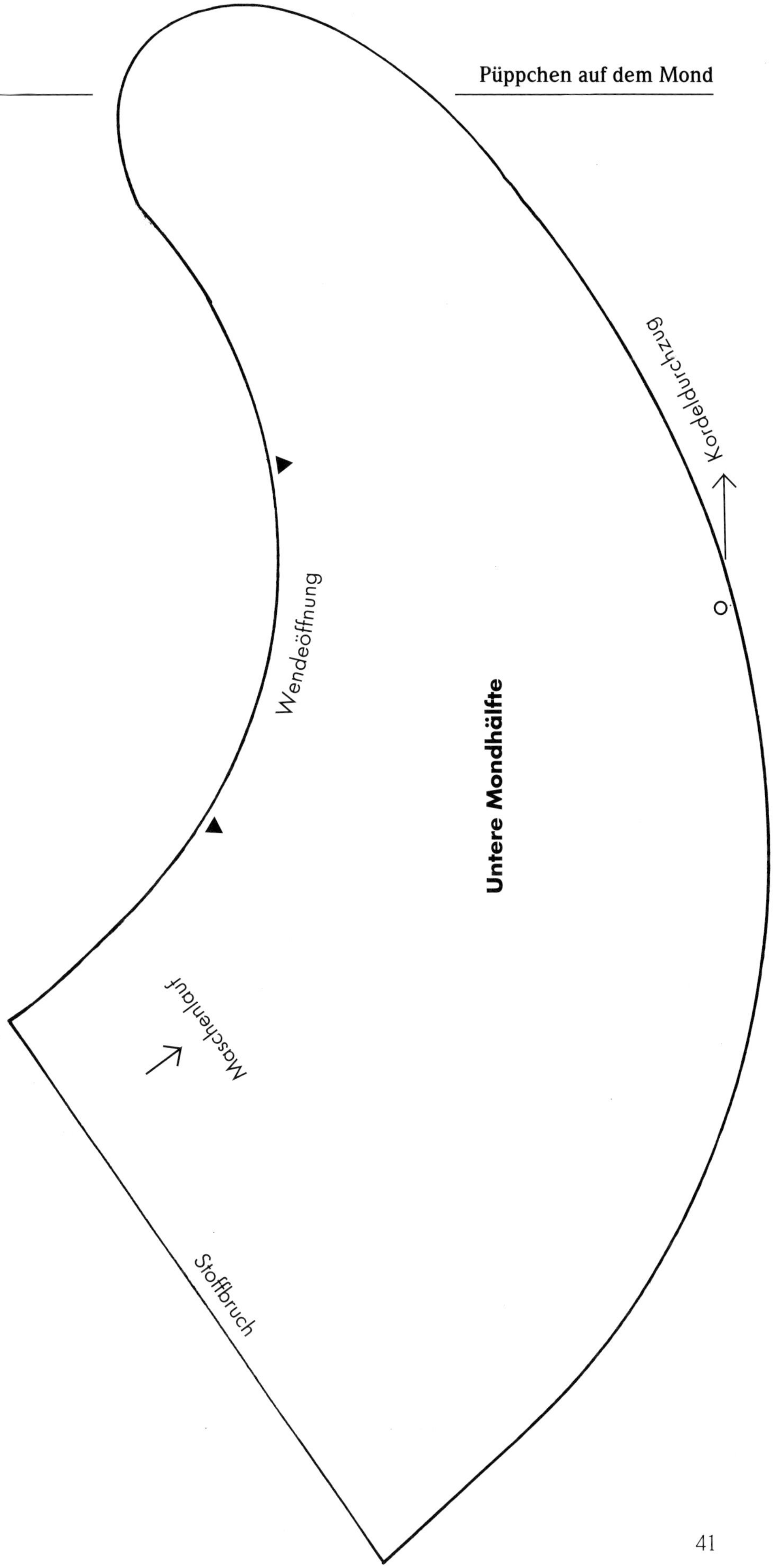

Mobile mit Schlenkerpüppchen

Für dieses Mobile können Sie neutrale Puppen verwenden oder Figuren aus Kinderbüchern oder aus dem Fernsehen nachbasteln (siehe Foto 43). Auch das Mondkind auf Seite 40 entstand nach folgender Anleitung.

So wird's gemacht

Kopf, Bauch und Frisur werden nach Anleitung angefertigt (s. S. 11, 37, 20).

Mit einem Phantomstift übertragen Sie das Schnittmuster auf die Rückseite des gewählten Anzug-Stoffes. Auf der angezeichneten Linie werden die Nähte genäht. Mit etwa 0,5 cm Nahtzugabe die Teile ausschneiden.

Nähen Sie die mit A gekennzeichnete Hosenmittelnaht zusammen.

Oberteile und eingekräuselte Hosenteile (Seiten B) werden zusammengenäht. Von der Ärmeleinschlagkante bis zur Hoseneinschlagkante wird die Seitennaht C durchgehend genäht. Die Schrittnaht D wird zuletzt zugenäht.

Die Füße nähen Sie aus festem Trikotstoff oder aus Nickistoff. Das Schnittmuster wird auf die linke Seite des Stoffes aufgezeichnet und auf der Linie eine Naht genäht. Die genähten Füße werden mit Watte gefüllt und die Öffnung zugenäht. Dann nähen Sie die Füße in die Hosenbeinöffnungen hinein.

In die Ärmelöffnungen werden, wie beim Kuschelbaby (Seite 38), kleine mit Watte gefüllte Trikotkugeln eingenäht. Die Ärmel füllen Sie ca. 4 cm und die Hosenbeine bis zur Schrittnaht mit Bastelwatte locker auf.

Den Puppenkörper setzen Sie in die Halsöffnung hinein und nähen dann die Öffnung rund um den Hals mit feinen Stichen zu.

Stellen Sie mehrere solche Püppchen her, verzieren Sie sie unterschiedlich, und setzen Sie sie in Kugeln aus transparentem Kunststoff.

Hinweis: Das Püppchen links unten wurde wie das »Kuschelbaby« gearbeitet. Alle Püppchen können z.B. auch zu Spieluhrenpüppchen umgearbeitet werden.

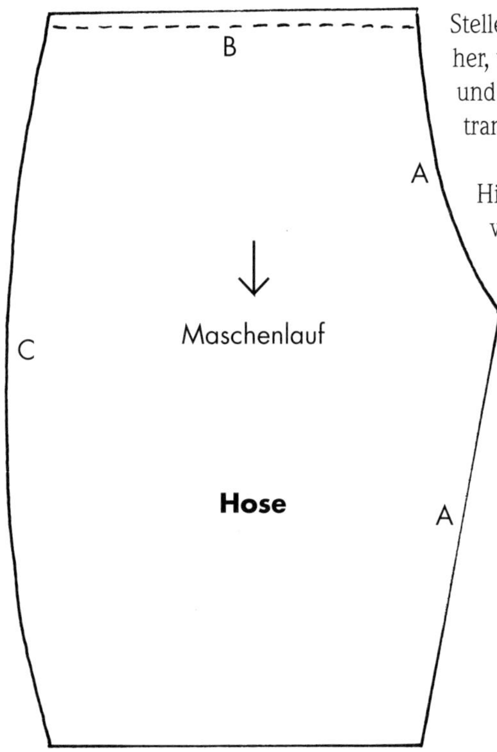

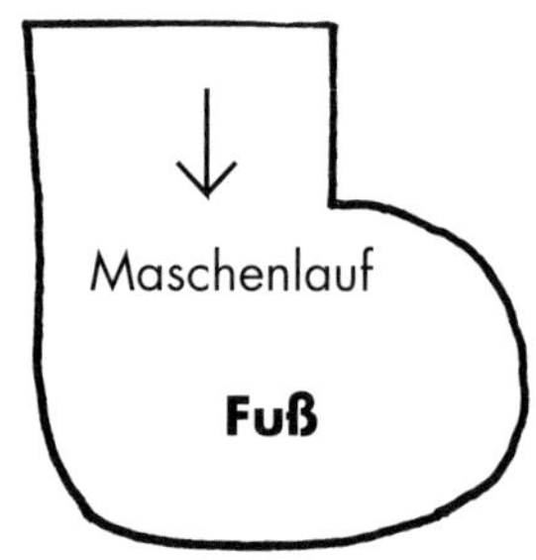

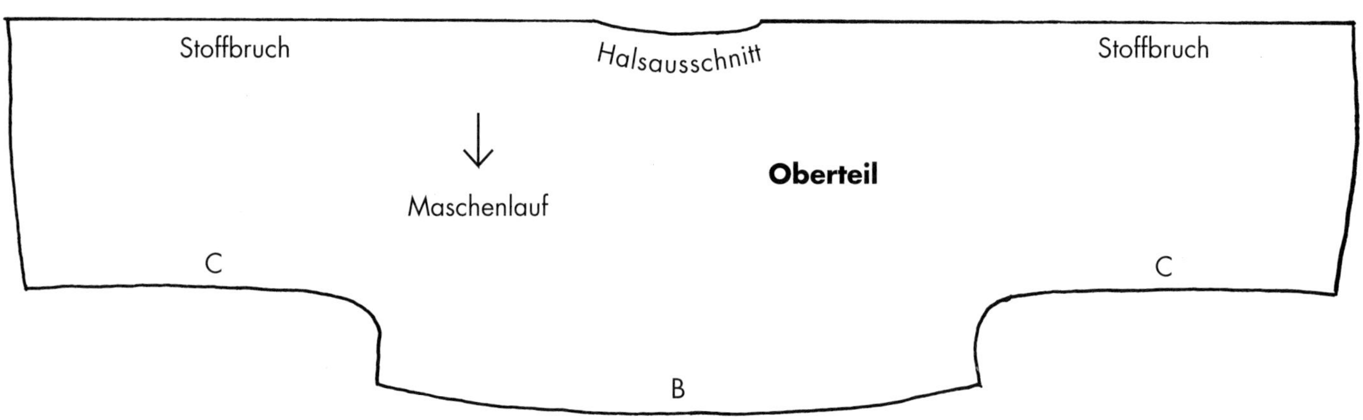

Miniclown

(Abbildung Seite 46/47)

Die lustigen Clowns tragen Anzüge aus bunt kariertem Baumwollstoff. Im Gegensatz zu den anderen Puppen haben sie rote Nasen. Kleine Zylinder oder Miniatur-Musikinstrumente passen ausgezeichnet dazu.

So wird's gemacht

Der kleine Clown in der Mitte wurde nach der Anleitung der Mobilepuppen von Seite 42 hergestellt.

Für die größeren Clowns stellen Sie Kopf, Bauch und Frisur nach Anleitung (siehe Seite 11, 37, 20) her. Nähen Sie dann den Anzug. Dazu die Nähte A schließen. Nähen Sie dann die Ärmel- und die Anzugnähte B aneinander. Von der Ärmeleinschlagkante bis zur Hoseneinschlagkante wird die Seitennaht C durchgehend genäht. Die Schrittnaht D nähen Sie zum Schluß zu.

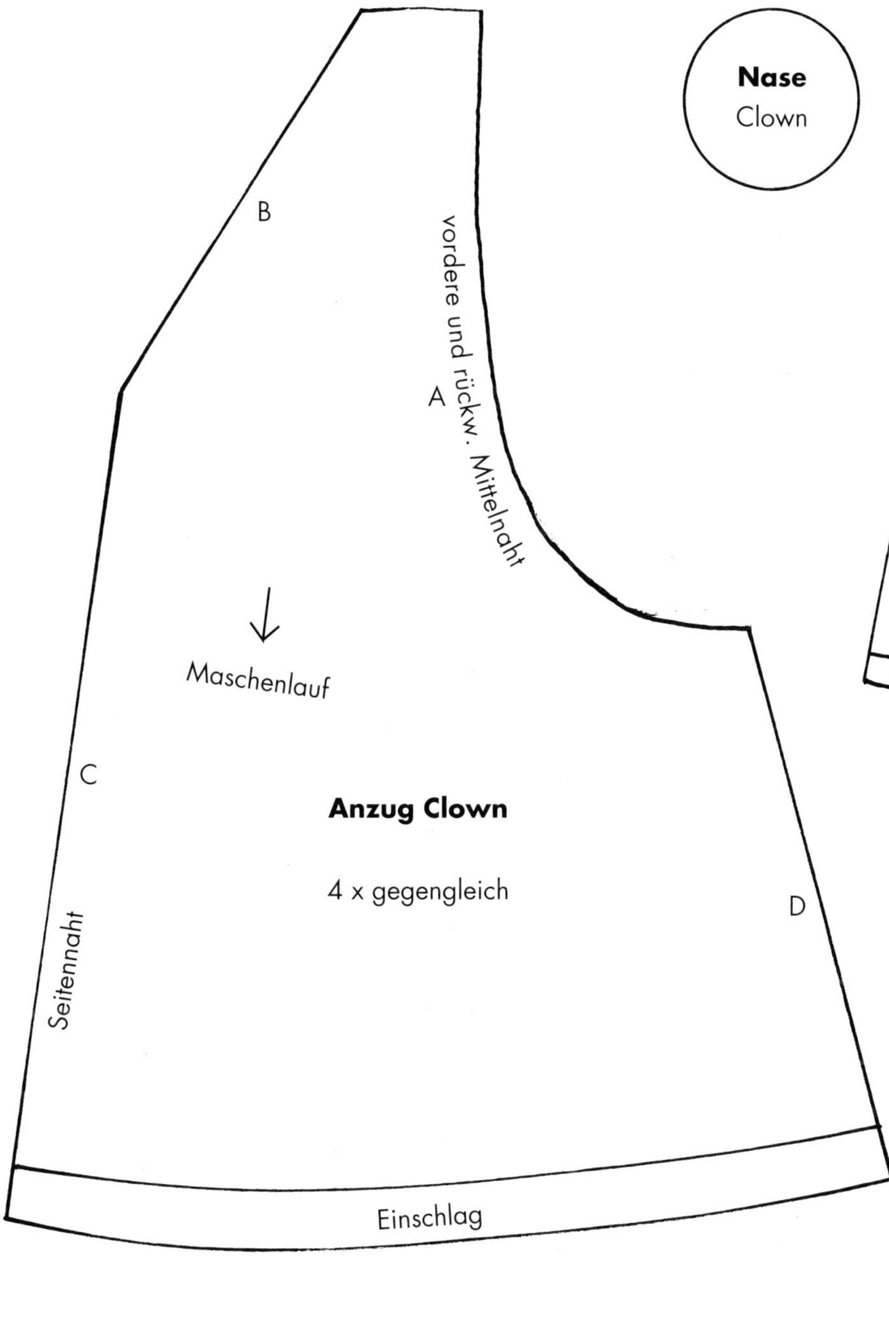

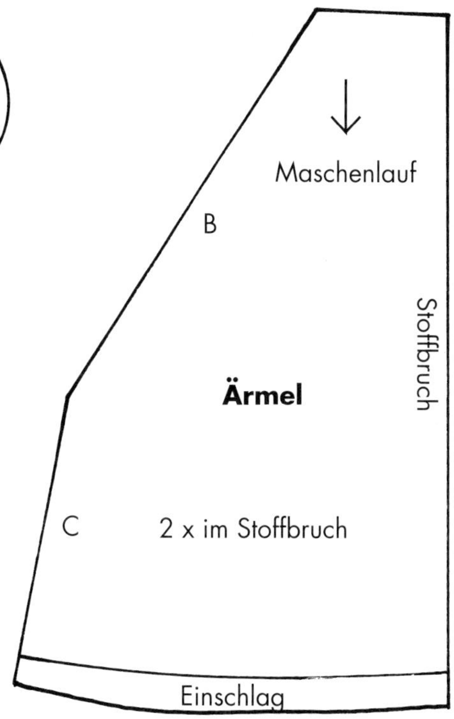

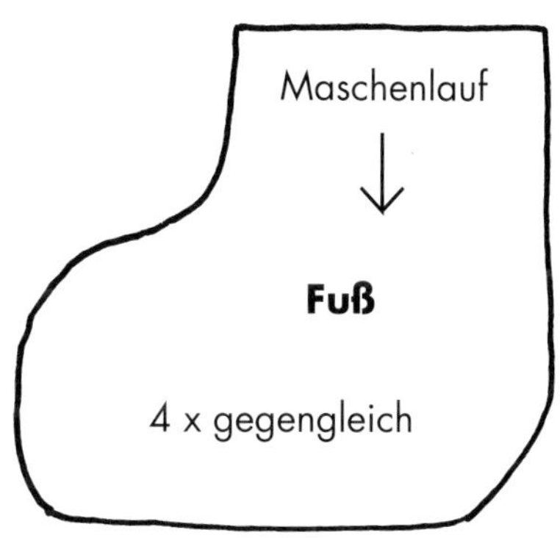

Die Arm- und Beinöffnungen schlagen Sie ca. 0,5 cm nach innen und nähen rundherum einen Kräuselfaden ein. In diese Naht fassen Sie gleichzeitig eine schmale Zierspitze ein.

Die Füße nähen Sie wie auf Seite 42 beschrieben in die Hosenbeine ein. In die Ärmelöffnungen Wattekugelhände einsetzen (wie auf S. 38 beschrieben).

Füllen Sie den Stoffanzug mit wenig Watte in den Armen und Beinen und setzen den Puppenkörper in den Anzug ein. Mit einem Kräuselfaden und eingelegter Zierspitze wird die Öffnung um den Puppenhals zugenäht.

Die Knubbelnase können Sie wahlweise aus rotem Nickistoff oder hautfarbenem Trikotstoff herstellen. Legen Sie das Schnittmuster auf den Stoff und umzeichnen Sie es mit dem Phantomstift. Schneiden Sie mit 3 mm Nahtzugabe den Kreis aus. Auf der gezeichneten Linie nähen Sie einen Kräuselfaden ein. Wie bei der Herstellung der Kugelhände formen Sie eine Wattekugel und legen sie in die Mitte des Stoffes (Abb. 1). Ziehen Sie den Kräuselfaden langsam zusammen (Abb. 2) . Die Ränder für die Nahtzugabe werden sauber nach innen vernäht (Abb. 3).

Die Nase wird ganz zum Schluß im Matratzenstich genau in der Mitte zwischen den Augen, aber etwas unterhalb der Augenlinie auf das Gesicht aufgenäht.

Nehmen Sie sich viel Zeit, um das Gesicht zu malen.Wenn Sie sich nicht trauen, sofort Farbe auf den Stoff aufzutragen, malen Sie das Gesicht zuerst mit einem Phantomstift vor und ziehen dann die Linien mit Farbe nach. Um die weißen Flächen um Augen und Mund auszufüllen, eignet sich ein dünner Pinsel besser als eine Stecknadel. Eine Gestaltungsidee für das Clowngesicht finden Sie auf Seite 15.

Als Schmuck erhält der Clown einige Zierschleifen aus Satinband und einen schwarzen Hut.

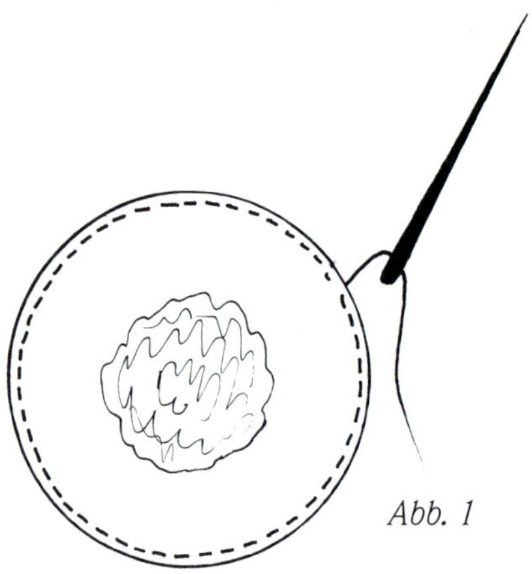

Abb. 1

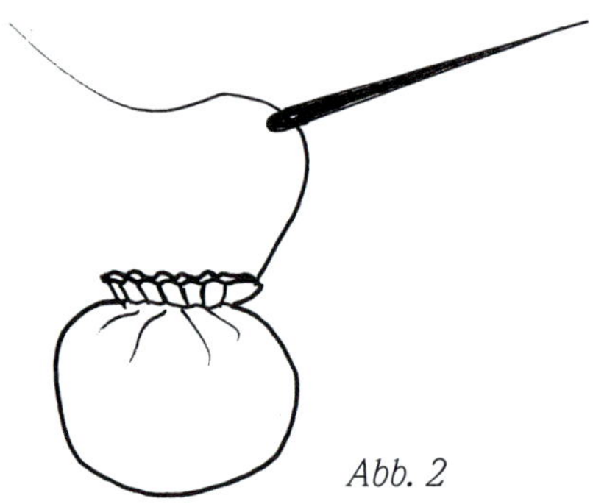

Abb. 2

Abb. 3

Rasselpüppchen und Zwerge

Rasselpüppchen und Zwerge werden nach dem gleichen Prinzip gearbeitet. Zum Babyspielzeug wird das Püppchen durch eine eingelegte Rassel.

So wird's gemacht

Kopf, Bauch und Frisur nach Anleitung herstellen (s. S. 11, 23, 37), eventuell eine Mütze dazu schneidern (s. S. 37).

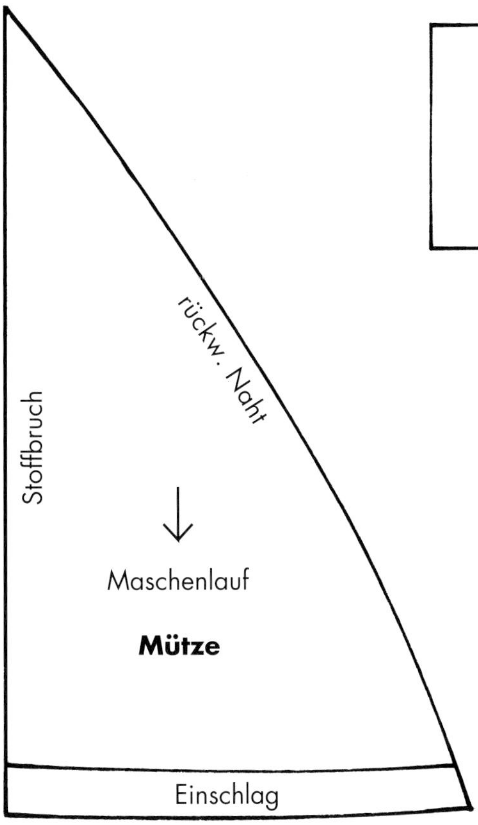

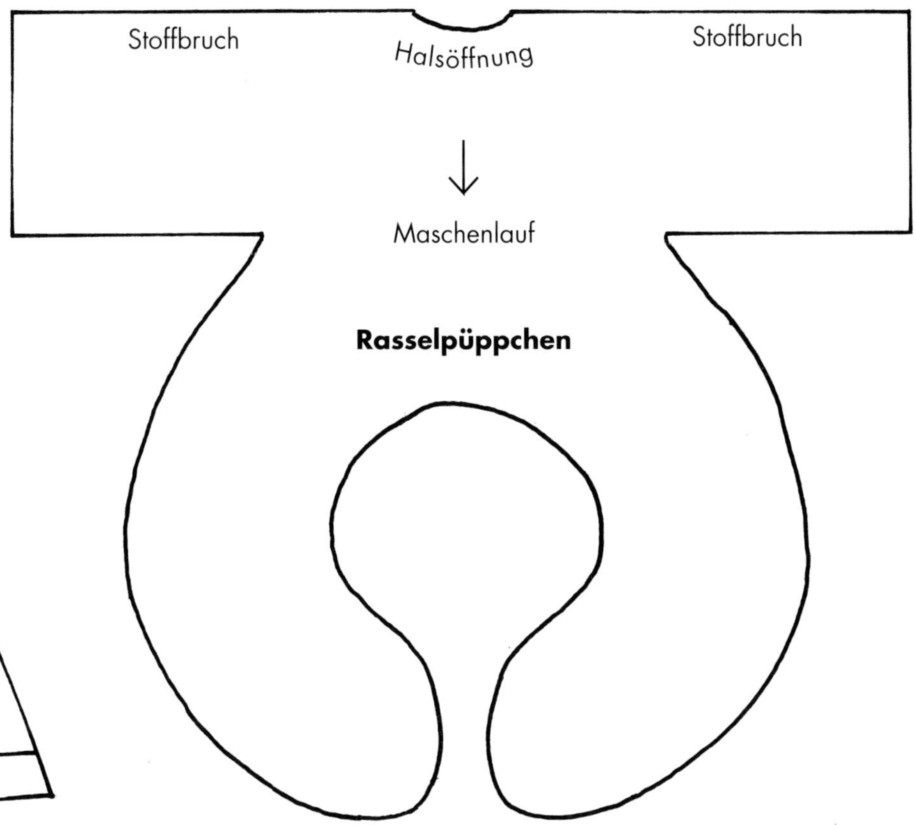

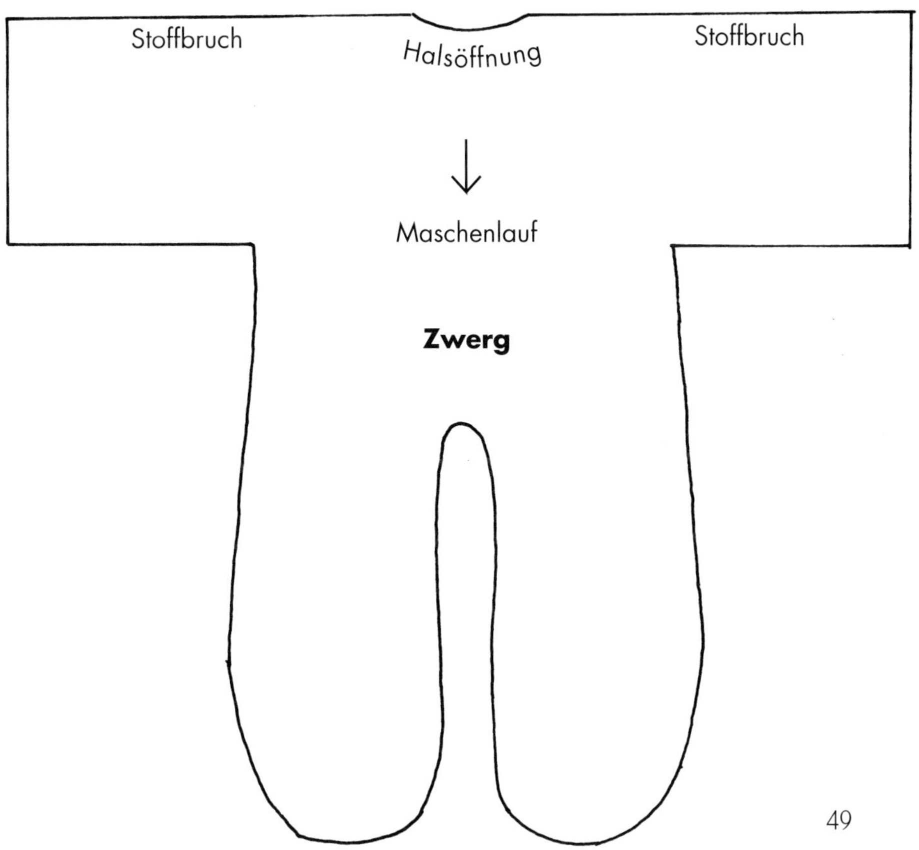

Mit einem Phantomstift übertragen Sie das Schnittmuster auf die Rückseite des Nickistoffes. Auf der angezeichneten Linie wird von der rechten Ärmelkante zur linken Ärmelkante eine Naht genäht. Mit etwa 0,5 cm Nahtzugabe die Teile ausschneiden. Wenden Sie den Anzug auf die rechte Seite und nähen Sie zwei Trikotkugelhände in die Ärmelöffnungen (siehe Seite 38).
Der gesamte Puppenkörper wird stramm mit Füllwatte ausgefüllt. Dabei kann – für die Rasselpuppe – in die Mitte des Bauches eine Rasseldose mit in die Watte gepackt werden. Setzen Sie den Kopf der Puppe in den Nickianzug und nähen Sie die Öffnung mit kleinen Matratzenstichen rund um den Hals fest zu. Die Beine der Rasselpuppe nähen Sie aneinander, daß sie wie ein Greifring umfaßt werden können.

Spieluhren-Puppen

Für die große Puppe benötigen Sie eine Spieluhr, für die kleine ein Musikmodul. Als Verzierung eignen sich Bänder und Schellen.

So wird's gemacht

Kopf und Frisur nach Anleitung anfertigen (siehe Seite 11, 23).
Das Schnittmuster wird viermal, jeweils zwei Teile gegengleich, auf den gestreiften Nickistoff aufgezeichnet. Nähen Sie nacheinander die rückwärtige Mittelnaht, die vordere Mittelnaht, bei der die Wende- oder Gesichtsöffnung ausgespart wird, dann die beiden Seitennähte. Zuletzt nähen Sie die untere Naht, die von den Seiten zur Mitte hin spitz zuläuft.

Stopfen Sie die Zipfelmütze mit Watte aus. Lösen Sie den Knoten, mit dem der Knopf an der Spieluhrkordel befestigt ist . Mit einer dicken Stopfnadel ziehen Sie die Kordel von innen durch den Nickistoff. Dann knoten Sie den Knopf wieder an.

Bevor Sie diese Spieluhr einem Baby als Spielzeug geben, sollte der Knopf durch doppelte Knoten befestigt oder ganz entfernt werden. Auch Schellen oder Zierschleifen müssen durch mehrmaliges Verknoten oder Vernähen gesichert werden. Dann wird der Puppenkörper fest mit Füllwatte aufgefüllt, wobei bei der kleinen Puppe nahe der vorderen Mittelnaht unter dem Nickistoff das Musikmodul eingelegt wird. Von außen kann durch Druck die Melodie ausgelöst werden.

Durch die Wendeöffnung schaut nur noch der Kopf der Puppe heraus. Diese Öffnung wird mit kleinen Saum- oder Matratzenstichen zugenäht.

Um den Hals der Puppen binden Sie ein Satinband zu einer Schleife.

Wird die Puppe über dem Kinderbett aufgehängt, kann an der Zipfelmütze ebenfalls ein Satinband festgenäht werden

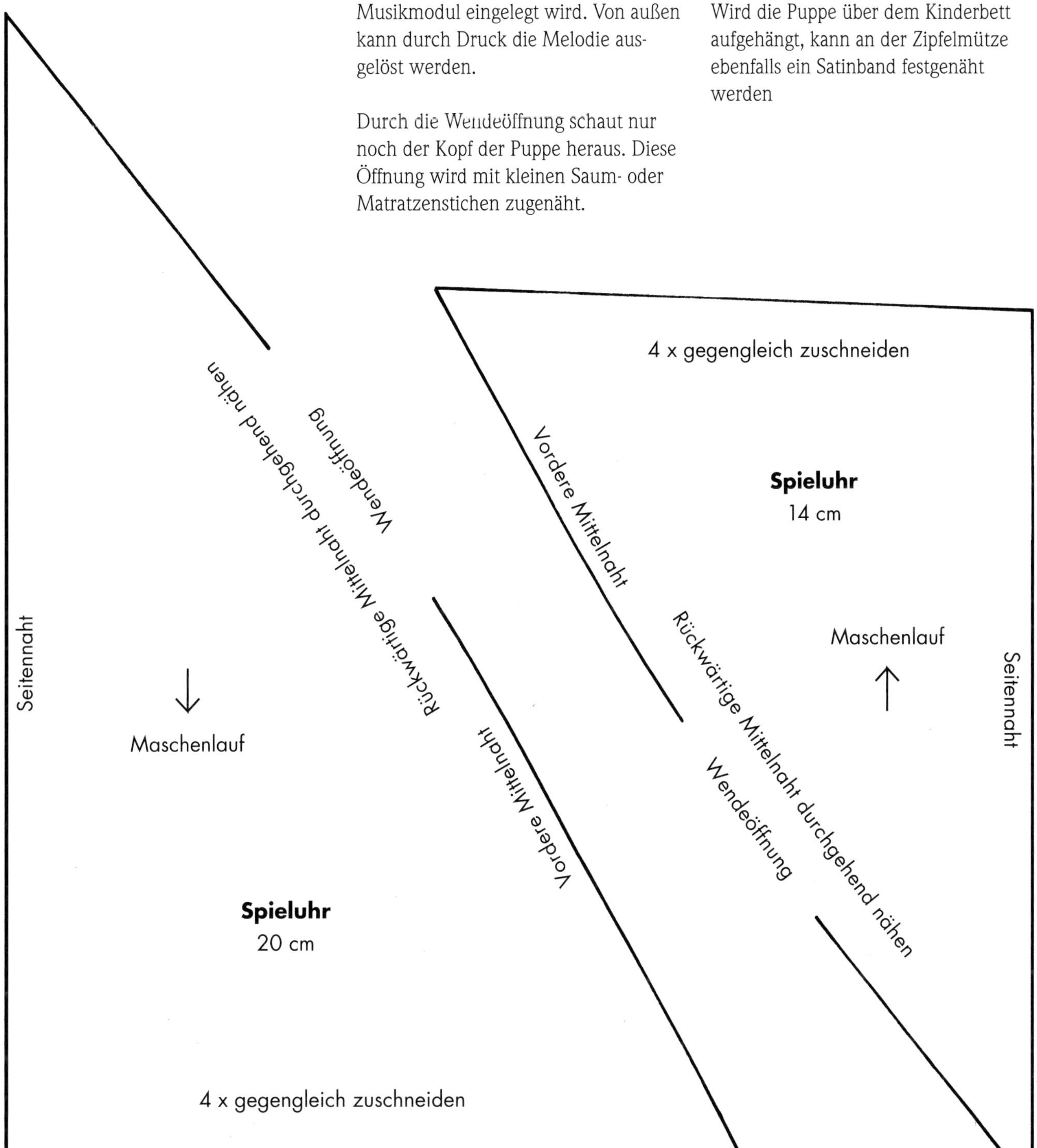

Kinder-wagenkette

Drei Püppchen nebeneinander faszinieren ein Baby im Kinderwagen und beschäftigen es eine ganze Weile. Zusätzlich zum Material für die Puppen brauchen Sie Gummilitze und acht dicke Holzperlen.

So wird's gemacht

Die Püppchen werden angefertigt wie die Spieluhrenpüppchen (s. Seite 50).

Drei fertige Püppchen werden mit einer 3 bis 4 mm breiten Gummilitze zu einer Kette aufgefädelt. Benutzen Sie eine dicke Sticknadel und fädeln Sie am Anfang zwei Perlen auf die Gummischnur. Legen Sie das Ende zu einer Schlaufe und verknoten die Schlaufe mehrfach, so daß die Perlen nicht über den Knoten wegrutschen können. Dann ziehen Sie ein Püppchen auf die Schnur (im Schnittmuster ist gekennzeichnet, an welcher Stelle das Gummiband durchgezogen wird). Es folgen wieder zwei Perlen und ein Püppchen, bis die Kette lang genug ist. Sie enden wieder mit zwei Perlen und einer Schlaufe, die wie am Anfang gut verknotet wird.

Auch bei diesen Püppchen lassen sich ein Musikmodul bzw. Rasseldosen einarbeiten oder auch Schellen annähen (siehe Hinweis Seite 50). Schellen gut festnähen.

Als einzelne Püppchen, nicht auf einer Kette aufgereiht, können Sie sie gut als Glücksbringer verschenken.

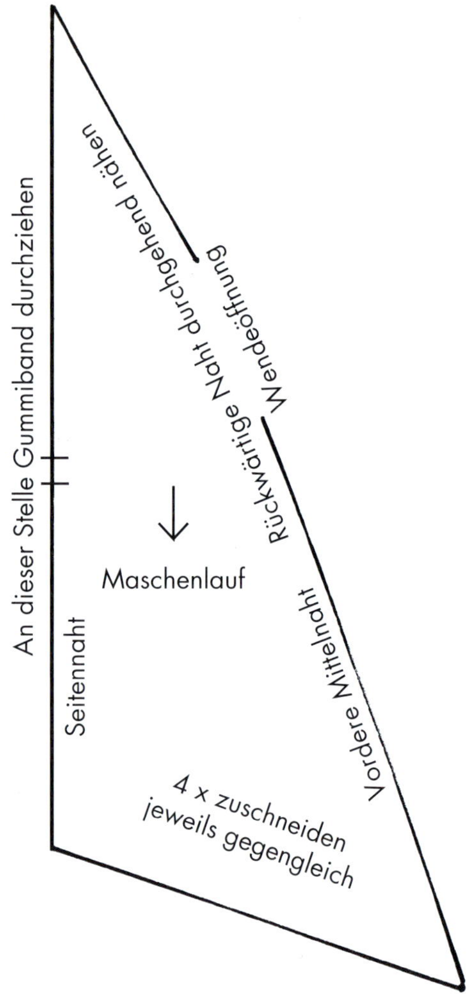

Rosetten-Püppchen, Haarschmuck und Duftwichtel

Bei allen drei Puppen sind die Arbeitsschritte gleich. Neben den Grundmaterialien benötigen Sie verschiedene bunte (Baumwoll- und Nicki-)Stoffe, Spitzen, Haarspangen, Broschennadeln und duftende Füllungen (z. B. getrocknete Lavendelblüten).

So wird's gemacht

Kopf und Frisur der Puppen nach Anleitung anfertigen (siehe Seite 11, 23). Mützen nach Vorlage (siehe Seite 37) arbeiten.

Der Schlauchverband, das Wattevlies und der Trikotstoff werden knapp unter der Abbindestelle am Hals der Puppe abgeschnitten.

Legen Sie das Schnittmuster auf den gewünschten Stoff, und umzeichnen Sie es mit Phantomstift oder Schneiderkreide. Anschließend schneiden Sie den Kreis nach Vorlage mit 0,5 cm Nahtzugabe aus.

Auf der gezeichneten Linie nähen Sie einen Kräuselfaden ein. Ziehen Sie den Kräuselfaden zu, und setzen Sie gleichzeitig den Puppenkopf ein. Die Ränder für die Nahtzugabe schlagen Sie dabei sauber nach innen ein. Nähen Sie den Stoff am Hals der Puppe rundherum fest.

Zur Verzierung erhalten die Püppchen einen Spitzenkragen, der beim Haarschmuck etwas breiter ausfallen darf. Auf der Rückseite der Rosette nähen Sie eine Broschennadel mit Sicherheitsverschluß oder für den Haarschmuck eine Haarspange an.

Auf gleiche Weise wird das Püppchen mit dem Duftsäckchen hergestellt. Füllen Sie, kurz bevor Sie die Naht am Hals schließen, Lavendelblüten oder getrocknete, duftende Blütenblätter hinein. Wenn nach einigen Wochen der Duft des Lavendels nachläßt, kneten Sie das Säckchen nur einmal durch, und der Duft entfaltet sich neu.

Haarspangen Broschen und Duftwichtel

Originalgröße
Ø innen 12 cm
Ø außen 17,5 cm

Fingerpuppen

Nicht nur Kinder werden von dieser witzigen Spielidee begeistert sein. Schaffen Sie durch Frisuren, Mützen oder Accessoires die unterschiedlichsten Charaktere!

So wird's gemacht

Kopf und Frisur der Puppe nach Anleitung fertigen (siehe Seite 11, 23). Eventuell Mütze mit Schelle nach Vorlage nähen (siehe Seite 37).

Schneiden Sie den Schlauchverband knapp unter der Halseinschnürung ab. Die vier Vliesstreifen kürzen Sie auf eine Länge von 4 cm.

Dann den Anzug der Fingerpuppe nähen. Mit einer Handnaht im Rückstich schließen Sie zuerst die Seitennähte. Nähen Sie dann die Saumnaht und lassen für den Gummidurchzug eine winzige Öffnung. Die Vliesstreifen und der Trikotstoff werden durch die Halsöffnung des Nickianzuges gezogen und ringsherum gut festgenäht. Ziehen Sie jetzt durch den unteren Rand ein Gummiband und verknoten oder vernähen Sie es, nachdem Sie es auf Fingermaß strammgezogen haben. Dann legen Sie jeweils einen Wattevliesstreifen rechts und links ins Innere des Anzuges und nähen mit farblich passendem Nähgarn eine feine Steppnaht von außen, so daß die Arme des Püppchens angedeutet werden.

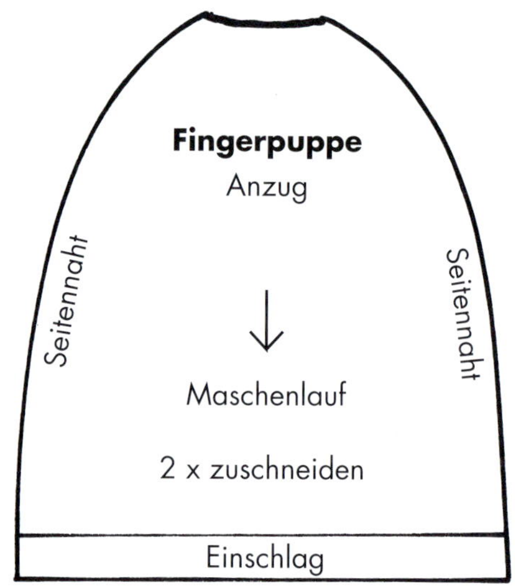

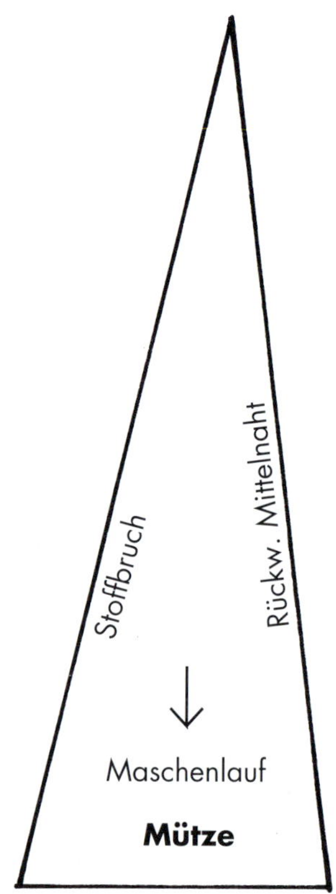

Broschenmännlein

Die drei Broschenmännlein sind ganz ähnlich wie die Fingerpüppchen gearbeitet, haben aber »richtige« Hände und Füße.

So wird's gemacht

Kopf und Frisur nach Anleitung erstellen (siehe Seite 11, 23), eventuell Mütze anfertigen (siehe Seite 37).

Legen Sie den Stoff in den Stoffbruch und nähen Sie die Seitennähte zu. Rechts und links unterhalb der Schultern nähen Sie in die Öffnungen einen Reihfaden und damit Trikotkugelhände (Anleitung siehe Seite 38) ein.

Schneiden Sie auf den Schultern genau mittig eine Öffnung von 1 cm. Nehmen Sie den Puppenkopf und ziehen Sie durch diese Öffnung die Vliesstreifen, den Schlauchverband und den überstehenden Trikotstoff. Nähen Sie rund um die Öffnung einen Kräuselfaden und schließen damit die Halsöffnung.

Die Vliesstreifen verteilen Sie im Anzug der Puppe gleichmäßig und ziehen den Schlauchverband glatt nach unten. Die untere Kante schlagen Sie knappkantig nach innen und nähen jeweils von der

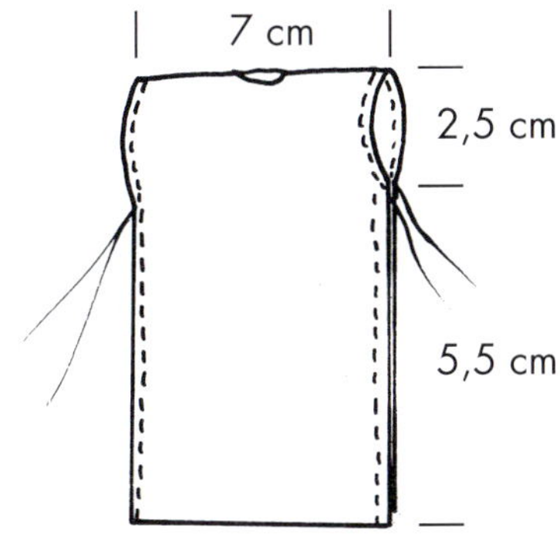

Mitte ausgehend zwei Reihfäden und damit Wattekugelfüße ein.

Durch einen Kräuselfaden, der in der Taille eingenäht wird, und durch eine Steppnaht zwischen den Beinen bis hoch zur Taille, erhalten diese Püppchen ihre Form. Broschennadel annähen.

Nikolaus

Eine Weihnachtsüberraschung der besonderen Art ist diese selbstgemachte Nikolaus-Puppe. Wenn Sie den Nikolaus mit 24 Päckchen versehen, können Sie ihn als ausgefallenen Adventskalender verschenken.

So wird's gemacht

Kopf nach Anleitung fertigen (siehe Seite 11). Mit einem Phantomstift übertragen Sie das Schnittmuster auf die Rückseite des Nicki-Stoffes. Auf der gezeichneten Linie werden die Nähte genäht. Mit etwa 0,5 cm Nahtzugabe die Teile ausschneiden.

Die mit A gekennzeichneten Seiten werden zusammengenäht, dabei bleibt die Wendeöffnung offen.

Die mit B gekennzeichnete Seite wird mit der Standfläche zusammengenäht. Die Pfeile 1 und 2 treffen jeweils aufeinander.

Durch die Wendeöffnung drehen Sie den Stoffanzug auf die rechte Seite.

Mit Füllwatte füllen Sie zuerst die Zipfelmütze bis in die Spitze auf und dann den gesamten unteren Teil des Nikolausanzugs. Nun setzen Sie den Kopf in die Wendeöffnung. Der Rand der Wendeöffnung wird knappkantig nach innen eingeschlagen. Im Matratzenstich die Öffnung rund um den Kopf zunähen. Knapp unter dem Kopf binden Sie mit rotem Garn die Halseinschnürung ab.

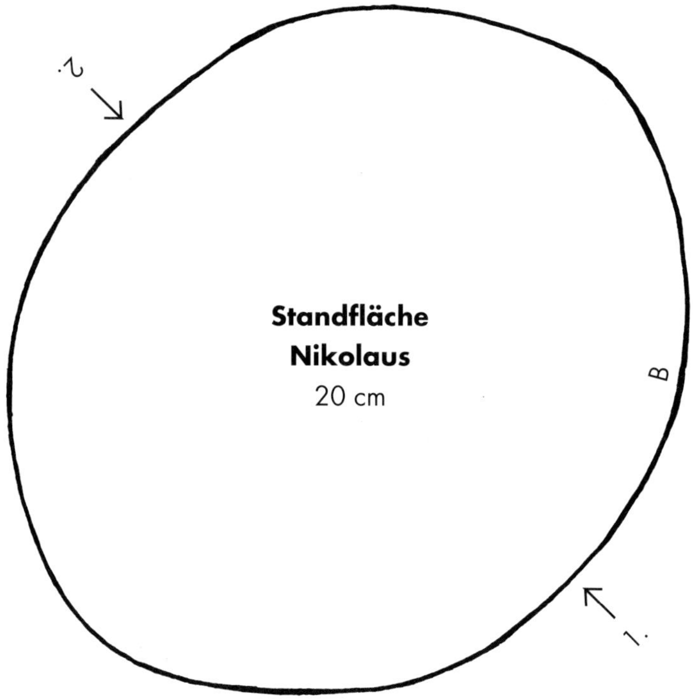

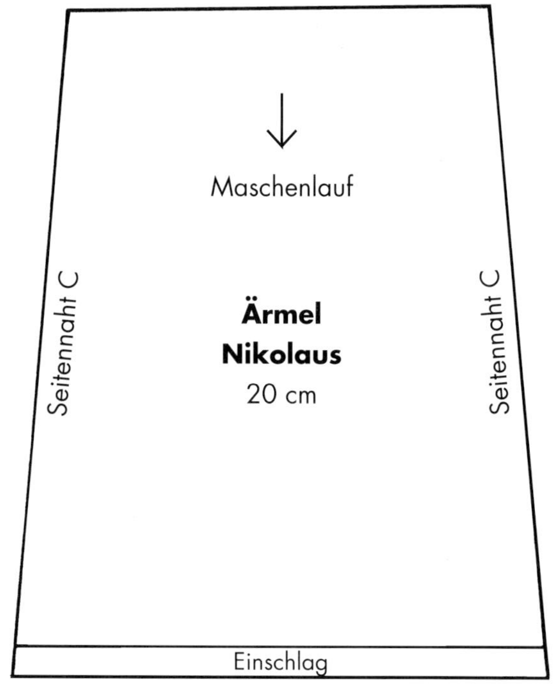

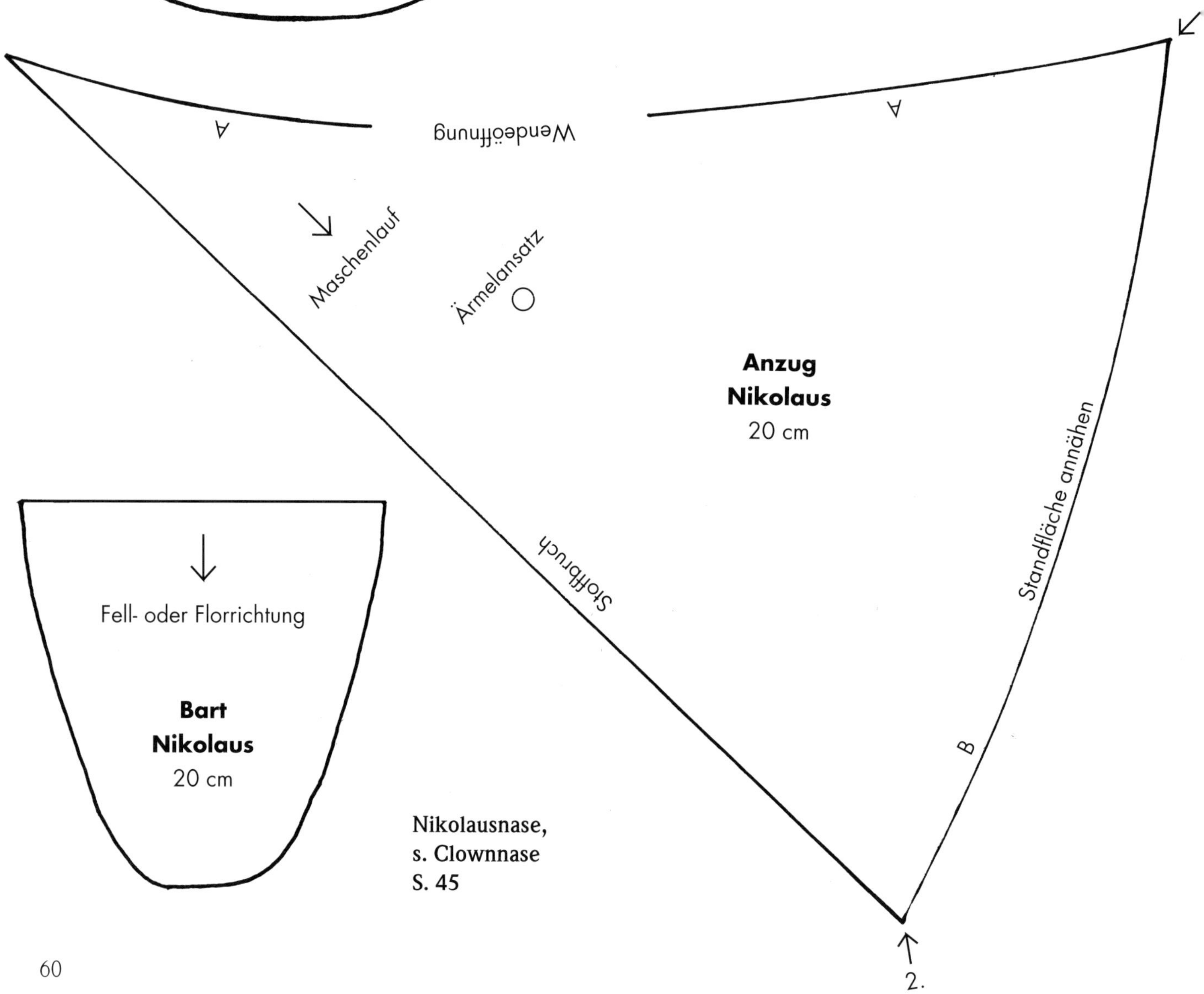

Nikolausnase,
s. Clownnase
S. 45

Um das Gesicht herum nähen Sie einen 1 cm breiten Webplüschstreifen an, knapp unter dem Kinn den Bart an (siehe Schnittmuster).

Nähen Sie an den Armen die Nähte C. Wie auf Seite 38 beschrieben, stellen Sie zwei Trikotkugeln für die Hände her. Schlagen Sie die Einschlagkanten nach innen ein, ziehen Sie einen Reihfaden ein und nähen Sie dann die Wattekugeln ein. Füllen Sie die Ärmel mit Füllwatte auf und vernähen Sie die Öffnung. Mit einigen Matratzenstichen nähen Sie an der im Schnittmuster gekennzeichneten Stelle die Arme an.

Wie die Knubbelnase für den Nikolaus hergestellt wird, lesen Sie auf Seite 45 (Miniclown).

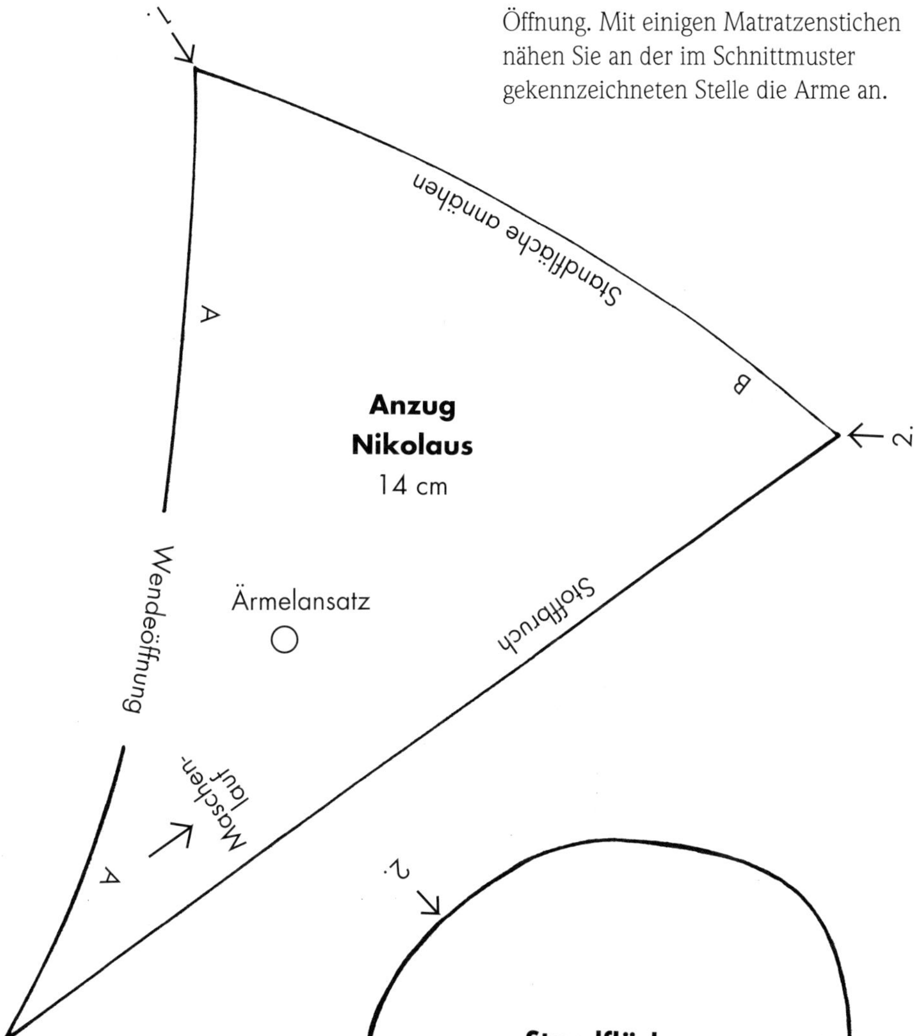

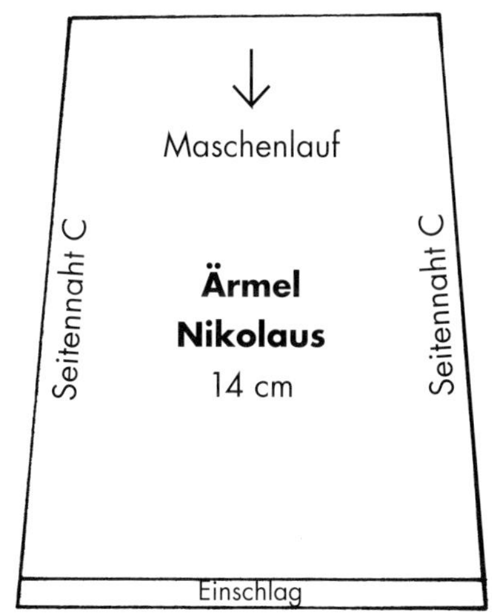

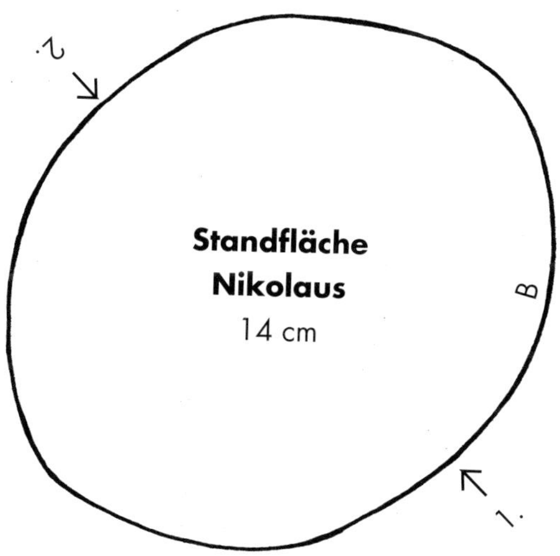

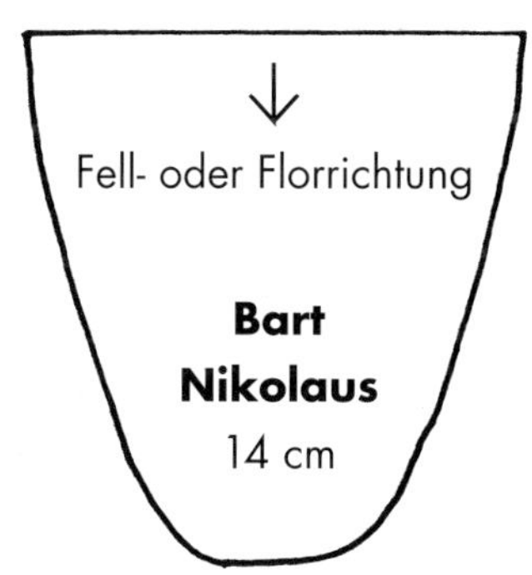

Nikolausnase, s. Clownnase S. 45 (etwas verkleinert)

Glocken-Engelchen

Einzeln oder im Engelsschwarm – diese Püppchen zaubern im Nu himmlische Weihnachtsfreude ins Haus.

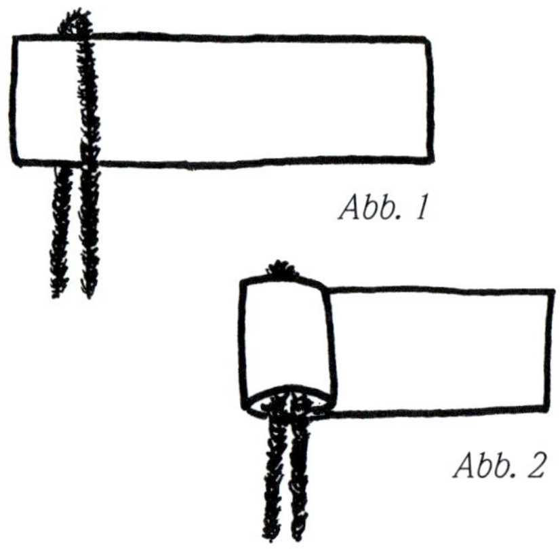

Abb. 1

Abb. 2

So wird's gemacht

Der Kopf wird zwar wie gewohnt hergestellt (siehe Seite 11), aber in die Kopfrolle wird bereits ganz am Anfang der Chenilledraht mit eingerollt (siehe Abb. 1 und 2).

Unterhalb der Abbindestelle des Kopfes werden sowohl Trikotstoff als auch Schlauchverband und Vliesstreifen bis auf 1 cm eingekürzt. Die Sternchenspitze wird hinten mit einer Naht geschlossen. Am oberen Rand nähen Sie einen Kräuselfaden ein.

An der rechten und linken Seite schneiden Sie 1,5 cm vom oberen Rand entfernt je eine winzige Öffnung, durch die Sie die Chenilleärmchen durchziehen. Dann wird der Kräuselfaden zugezogen und die Spitze ganz eng unter dem Hals der Puppe festgenäht. Auf die Chenilledraht-Enden setzen Sie kleine Holzperlen, die mit einem Tupfen Klebstoff befestigt werden.

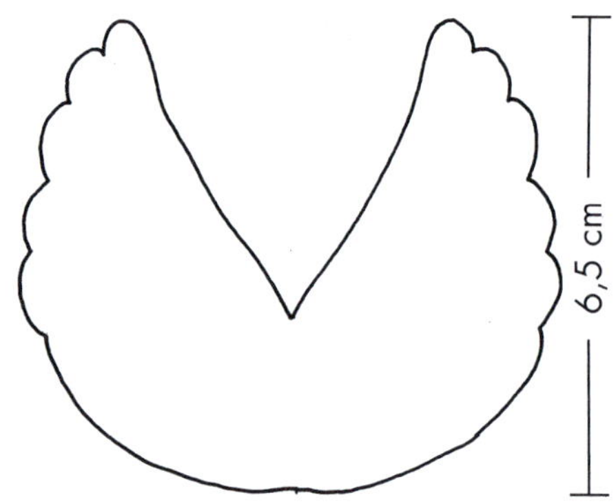

Im Bastelfachgeschäft werden fertige Engelsflügel angeboten, aber auch aus Goldfolie oder weißem Moosgummi lassen sich Flügel nach Vorlage (siehe oben) herstellen. Wenn Sie Moosgummi verwenden, malen Sie mit einem goldfarbenen Lackstift die Konturen nach. Die Engelsflügel werden am Rücken des Püppchens festgenäht oder -geklebt. Zur Verzierung erhält der Engel ein Haarband aus Brokatkordel mit einem aufgeklebten Sternchen, einen schmalen, zarten Spitzenkragen aus ca. 1 cm breiter Spitze und ein Miniatur-Musikinstrument. Ein zart klingendes Glöckchen nähen Sie an dem noch vorhanden Rest Schlauchverband unter dem Engelskleid an. Für die Engelsfrisur eignen sich am besten weiße Lockenfellhaare (siehe Seite 20, 22).

Bezugsquelle

Die meisten Materialien werden in Hobby- und Bastelgeschäften angeboten. Sie können sich aber auch gerne an mich wenden, wenn Sie mit der Materialbeschaffung Schwierigkeiten haben. Ich führe ein Puppengeschäft und verschicke Materialien, die rund ums Puppenbasteln benötigt werden:

Gerda Dirx
Hindenburgstr. 94
42117 Wuppertal
Tel. 02 02 / 2 74 11 23

Die Deutsche Bibliothek – CIP-Einheitsaufnahme
Kleine Puppen selber machen : für die Puppenstube ; zur Dekoration ; als Geschenk ; mit Vorlagen in Originalgrösse / Gerda Dirx. –
Augsburg : Augustus-Verl., 1997
ISBN 3-8043-0465-6

Fotografie: Klaus Lipa, Augsburg
Illustrationen: Gerda Dirx
Lektorat: Helene Weinold-Leipold, Andrea Müh
Umschlaggestaltung: Christa Manner, München

Layout: Anton Walter, Gundelfingen

Augustus Verlag Augsburg 1997

Satz: Gesetzt aus 10 Punkt Weidemann Book in QuarkXPress von DTP-Design Walter, Gundelfingen
Reproduktion: GAV, Gerstetten
Druck und Bindung: Appl, Wemding

Gedruckt auf 120 g umweltfreundlich elementar chlorfrei gebleichtes Papier.

ISBN 3-8043-0465-6

Printed in Germany